城乡规划·建筑学硕士论丛

赵和生　主编

历史风貌区保护规划
——以南京浦口火车站为例

著者：宣　婷
导师：吴骥良　方　遥
学科：城乡规划
学校：南京工业大学

U0242461

东南大学出版社
SOUTHEAST UNIVERSITY PRESS
·南京·

内容提要

本书以浦口火车站历史风貌区为研究对象，通过对国内外规划成果的研究，分析浦口火车站历史风貌区的历史脉络和现状概况，从空间格局保护和历史建筑整治两方面出发，提出了历史风貌区空间再利用的措施和建筑保护修缮的方法，并基于对江苏省历史文化街区保护规划编制要求的分析，结合浦口火车站历史风貌区保护规划编制的经验，进一步提出历史风貌区保护规划编制深度建议及规划成果建议。

本书可供城市规划、城市设计和城市管理人员阅读，也可供相关专业师生及研究人员学习。

图书在版编目(CIP)数据

历史风貌区保护规划：以南京浦口火车站为例/宣
婷著. —南京：东南大学出版社，2013.9
（城乡规划·建筑学硕士论丛/赵和生主编）
ISBN 978-7-5641-4437-1

Ⅰ.①历… Ⅱ.①宣… Ⅲ.①铁路车站—文物保
护—规划—研究—南京市 Ⅳ.①TU984.191

中国版本图书馆 CIP 数据核字(2013)第 178025 号

书　　名：历史风貌区保护规划：以南京浦口火车站为例
著　　者：宣　婷
责任编辑：徐步政　　　　　　编辑邮箱：xubzh@seu.edu.cn
文字编辑：子雪莲

出版发行：东南大学出版社
社　　址：南京市四牌楼 2 号　　　　邮　　编：210096
网　　址：http://www.seupress.com
出 版 人：江建中

印　　刷：南京玉河印刷厂
排　　版：南京新洲制版有限公司
开　　本：850mm×1168mm　1/32　印张：4.25　字数：106 千
版　　次：2013 年 9 月第 1 版　2013 年 9 月第 1 次印刷
书　　号：ISBN 978-7-5641-4437-1
定　　价：20.00 元

经　　销：全国各地新华书店
发行热线：025—83790519　83791830

───────────────────────────

＊　版权所有，侵权必究
＊　凡购买东大版图书如有印装质量问题，请直接与营销部联系
　　（电话：025—83791830）

目录

1 绪论

1.1 研究背景与意义

1.1.1 研究背景

(1) 城市历史文化保护面临严峻挑战

在过去近 50 年的时间里,西方国家的城市经历了从工业化时代到后工业化时代剧烈的经济转型,大量的重工业厂房、港口被废弃,与此相伴随的还有迅猛的郊区化。这些变化给传统城市带来了失业、贫富差距拉大等深刻的社会问题①。面对这些困境,城市更新成为西方国家最迫切的课题。

而中国多数城市所面临的问题与西方国家所面临的问题存在一定的差别,中国的许多旧城面临的主要问题是基础设施匮乏,生活环境质量下降,以及城市传统风貌保护与更新之间的矛盾。如今,改革开放下的中国,经济飞速发展,城市快速建设,许多城市普遍经历着大规模的旧城改造与历史文化保护之间的矛盾冲突,城市历史文化保护面临严峻挑战。正如阮仪三先生所言,城市的特色要继承,而城市中要保护和继承的,又主要存在于这些城市的旧城之中,继承和发展是一对矛盾,历史传统和现代化要求都是人们的需求②。

这些传统风貌的地段是城市整个生活文化的载体,也是城市真正的独特性之所在。然而,我国不少城市在旧城更新中虽保留了文物建筑,但却忽视了文物周围的历史环境以及对城市中文化

---

① 杨震,徐苗. 城市设计在城市复兴中的策略[J]. 国际城市规划,2007,(4):44-47.
② 阮仪三. 中国历史城市遗产的保护与合理利用[J]. 住宅科技,2004,(5):4-7.

保护的关注,因此城市中大多数传统风貌的地段和历史建筑因没有被纳入文物范畴而面临生存与发展的巨大挑战,大量代表城市传统风貌的地段正逐步被高楼大厦所取代,"拆"几乎成为解决矛盾的唯一途径。

如 2009 年,因没有"文保身份证"的林徽因、梁思成故居,深陷拆迁与保护的拉锯战,最终难逃被部分拆除的命运。2011 年 4 月,北京市西城区陶然亭粉房社区的粉房琉璃街、潘家胡同,都披上了大大的"拆"字,而散落于两条胡同中的 30 余家会馆,也有可能永远湮没在拆迁扬起的尘土中。类似这样的案例无数,时至今日仍在上演,城市文化在快速城市化中逐步流失。如果未来改造城市旧区都实施推倒重来的解决方案,那么许多城市的历史风貌将在城市的版图上永远消失了。

(2)南京市历史风貌区保护

南京是国务院 1982 年公布的第一批国家级历史文化名城,其延绵 2 500 余年的建城史和累计 450 年的建都史积淀了丰富的历史文化遗产,形成了独特的人文景观。在当今城市全球化的宏观背景下,文化内涵成为城市竞争力的重要因素。南京根据自身的资源优势和独特的历史个性,深度挖掘文化特质,在以经济为导向的前提下,慎重对待与城市息息相关的历史风貌区的保护与更新,传承城市文脉,平衡城市建设中经济与文化的关系,利用产业转型的契机,结合城市更新和遗产的保护,完善城市功能、空间、环境和文化的建设。

2010 年,《南京历史文化名城保护规划(2010—2020)》中划定了 9 片历史文化街区,22 片历史风貌区及 10 片一般历史地段(表 1-1)。这些历史地段是南京在特定时期社会生活的缩影,也是历史留下的记忆,因此,保护这些地段就是保护南京的历史风貌与传统文化。在政府及相关部门的努力下,一批代表性强的历史风貌区,如慧园里民国住宅区(图 1-1)等都得到了较好的保护,并进行了合理的再利用。

表 1-1 南京市历史地段保护名录

	数量	保护名录
历史文化街区	9	颐和路、梅园新村、南捕厅、门西荷花塘、门东三条营、总统府、朝天宫、金陵机器制造局、夫子庙
历史风貌区	22	天目路、下关滨江、百子亭、复成新村、慧园里、西白菜园、宁中里、江南水泥厂、评事街、内秦淮河两岸、花露岗、钓鱼台、大油坊巷、双塘园、龙虎巷、左所大街、金陵大学、金陵女子大学、中央大学、浦口火车站、浦镇机厂、六合文庙
一般历史地段	10	仙霞路、陶谷新村、中央研究院旧址（北京东路71号）、大辉复巷、抄纸巷、申家巷、浴堂街、燕子矶老街、龙潭老街、中国水泥厂

图 1-1 慧园里民国住宅区

近年来,南京市越来越关注对城市历史文化的保护,历史地段的保护数量和范围都在不断增加和扩大。然而,一些历史文化价值较高、传统风貌保存较完好的地段虽然得到保护,但保护工作的重心通常在传统建筑或地区的物质本身,未能都从市民现代日常生活的角度出发,提供其生活方式转变的基本条件。而为提高市民的生活水平拆除历史建筑必然会摧毁城市的传统风貌。在南京发展的过程中,既留住城市丰富的文化资源,又不损害市民享受现代生活的权利,以保护与发展共生的方式对待历史风貌区是城市得以和谐健康发展的关键,更是南京真正实现宜居的历史文化名城的关键。因此,在我国目前的城市更新进程中,历史风貌区保护也成为其中重要的一部分。

（3）浦口火车站历史风貌区的发展契机

1996年巴塞罗那国际建协19届大会提出城市"模糊地段"概念,明确包含了诸如工业、铁路、码头等在城市中被废弃的地段,指出此类地段需要保护、管理和再生。南京浦口火车站历史风貌区正是包含了铁路、码头等功能衰退区的特殊历史地段。它是城市交通文明进程的见证者,城市中各个时期、各种类型建筑的总和构成了当地丰富的人文景观和特定的场所内涵。

随着城市更新、产业结构调整、运输方式和生活方式的转变,浦口火车站历史风貌区正面临用地布局调整与更新改造。浦口火车站紧邻长江,是连接主城和浦口的交通要道,周边自然条件和人文资源优越。虽然目前该风貌区在区域交通上的优势有所削弱,但其与主城的关系正在逐步增强之中。除长江大桥、三桥之外,正在建设的长江四桥、纬三路过江通道、轨道交通等都将该地区与主城紧密联系,交通关系大大改善。

随着城市总体发展战略的提出,浦口火车站历史风貌区迎来了发展契机。因此,选取浦口火车站历史风貌区为载体进行研究,将历史留下的某些珍贵印记与历史建筑融入现代生活,具有资源利用、经济效益、环境保护和历史延续等诸多方面的重要意义和现实价值。

1.1.2 研究目的

（1）通过对浦口火车站历史风貌区历史沿革和现状概况的总结,充分挖掘其文化内涵,从微观层面梳理历史风貌区中的历史资源加以保护,延续历史文脉,重塑城市文化特色。

（2）通过对历史风貌区规划编制方法的探究,结合浦口火车站历史风貌区的实际情况,找出其发展中的根本问题,并结合当代发展的需要,提出具有指导性的、较全面的保护更新思路,对历史风貌区保护的技术方法和规划编制要点提出建议。

1.1.3 研究意义

（1）城市发展的需要

城市的文化遗产是历史留给我们的珍贵资源。在经济飞速发展的今天,城市的个性逐渐丧失,尤其是城市中的历史文化遗产保护未能得到足够的重视。在现代化建设的过程中,重视城市的特色风貌,结合现代技术和时代精神,使得城市的文脉得以传承。因此保护城市历史风貌区的风貌延续和发展具有十分重要的意义。

（2）城市历史资源永续利用的需要

目前提倡建设的节约型社会,就是要在社会生产、建设、流通、消费的各个领域,在经济和社会发展的各个方面,切实保护和合理利用各种资源,提高资源利用效率,以实现尽可能少的资源消耗和环境容量占用,获取最大的经济效益及社会效益。而历史文化资源作为城市中宝贵的财富,应当受到足够的重视。在未来的城市建设中,充分发掘可利用的历史资源,做出全面规划,做到保护和利用并重,在更新的同时给予必要的保护。

（3）城市特色塑造的需要

对自然和历史给予的资源加以保护而不是铲除是塑造城市特色的基础。许多城市的原有特征在人类轰轰烈烈的城市化、现代化进程中已经不可弥补地失去了。良好的自然环境、生态环境以及人文环境是城市发展核心竞争力的重要组成部分。挖掘城市历史风貌区中有表现力、有特色的因素,并加以保护和更新,可以更好的提升城市个性,提高城市历史文化资源的综合价值。

1.2　相关概念界定

1.2.1　历史地段与历史文化街区

（1）历史地段

1998 年发布的《城市规划基本术语标准》中将历史地段定义

为:城市中文物古迹比较集中连片,或能完整地体现一定历史时期的传统风貌和民族地方特色的街区或地段①。我国《历史文化名城保护规划规范》中指出:(历史地段为)保留遗存较为丰富,能够比较完整、真实地反映一定历史时期传统风貌或民族、地方特色,存有较多文物古迹、近现代史迹和历史建筑,并具有一定规模的地区②。

（2）历史文化街区

《中华人民共和国文物保护法》(2007年修正)第14条说明保存文物特别丰富并且具有重大历史价值或者革命纪念意义的城镇、街道、村庄,由省、自治区、直辖市人民政府核定公布为历史文化街区、村镇,并报国务院备案③。2008年施行的《历史文化名城名镇名村保护条例》第47条说明历史文化街区,是指经省、自治区、直辖市人民政府核定公布的保存文物特别丰富、历史建筑集中成片、能够较完整和真实地体现传统格局和历史风貌,并具有一定规模的区域④。

1.2.2 文物保护单位与历史建筑

（1）文物保护单位

文物古迹在《历史文化名城保护规划规范》中被解释为人类在历史上创造的具有价值的不可移动的实物遗存,包括地面与地下的古遗址、古建筑、古墓葬、石窟寺、古碑石刻、近代代表性建筑、革命纪念建筑等。文物古迹的保护包括文物保护单位、重要文物古迹(含历史建筑)、一般文物古迹以及地下文物和古树名木的保护。《规范》中将文物保护单位定义为经县以上人民政府核定公布应予重点保护的文物古迹⑤。2007年的《中华人民共和国

① GB/T 50280—98.城市规划基本术语标准[S].
② GB 50357—2005.历史文化名城保护规划规范[S].
③ 全国人民代表大会常务委员会.中华人民共和国文物保护法.2007.
④ 中华人民共和国国务院.历史文化名城名镇名村保护条例.2008.
⑤ GB 50357—2005.历史文化名城保护规划规范[S].

文物保护法》规定要根据不可移动文物的历史、科学、艺术价值，定为各级文物保护单位。

（2）历史建筑

历史建筑是指有一定历史、科学、艺术价值的，反映城市历史风貌和地方特色的建(构)筑物。在《历史文化名城名镇名村保护条例》中将历史建筑定义为经市、县人民政府确定公布的具有一定保护价值，能够反映历史风貌和地方特色，未公布为文物保护单位，也未登记为不可移动文物的建筑物、构筑物。城市中一些近代代表性建筑，如花园住宅、工厂厂房、码头仓库等，或由于使用的需要，或由于价值不够，一时很难定为文物保护单位，一般将其定为历史建筑，采取不同于文物保护单位的方法加以保护和利用①。

1.2.3 历史风貌区

历史风貌区针对的是某些改动较多，已不适合用历史文化街区的较严格的方式保护，但仍有一定的历史遗存，是城市文化的组成部分的历史地段。这个概念的保护要求较历史文化街区稍低，保护、整治所占的比例小些，改建、重建可以相对稍多一些，但在风格、形式上要重现历史的风貌[2]。

目前，上海、天津等城市已制定了有关保护历史文化风貌区的地方法规，也对相关概念做出了不同的定义（表1-2）。其中，南京市规划局会同有关专家确定将历史风貌区作为非法定保护区的名称，并将其定义为"历史建筑相对集中、能够体现南京某一历史时期风貌特点、未达到历史文化街区标准的历史地段"，实行登录保护②。2006年，南京出台了《南京市重要近现代建筑和近现代建筑风貌区保护条例》，该条例所称的近现代建筑风貌区是指近现代建筑集中成片，建筑样式、空间格局较完整地体现本市

---

① 中国市长协会.我国历史文化遗产保护学科发展状况//2006中国城市发展报告[C].北京:中国城市出版社,2007:165-166.

② 南京市规划局.南京历史文化名城保护规划(2010—2020),2010.

地域文化特点,并依法列入保护名录的区域。

表 1-2　国内城市相关概念与定义

城市	名称	定义
上海	历史文化风貌区	历史建筑集中成片,建筑样式、空间格局和街区景观较完整地体现上海某一历史时期地域文化特点的地区
天津	历史文化风貌保护区	历史建筑较为集中,在建筑风格、路网格局、空间形态等方面能体现出天津某一历史时期地域文化特点,但历史风貌不很完整的地区
重庆	历史文化风貌街区	重庆市内能够反映历史文化名城内涵的地区,历史建筑集中成片,建筑样式、空间格局和街区景观较完整地体现重庆某一历史时期地域文化特点的地区
南京	历史风貌区	历史建筑相对集中、能够体现南京某一历史时期风貌特点、未划入历史文化街区的历史地段

1.3　研究内容与方法

1.3.1　研究内容

　　本书以浦口火车站历史风貌区为研究对象,通过对国内外规划成果的研究,在明确研究内容和相关概念的基础上,从浦口火车站历史风貌区的历史脉络和现状概况等多方面展开分析,梳理我国历史文化遗产保护中各个层次的规划编制深度,结合浦口火车站历史风貌区保护规划的成果和编制经验,从空间格局延续、景观规划及历史建筑整治等角度出发,提出相应的保护与利用对策,延续城市的历史文脉和深厚的人文积淀,进一步提出历史风貌区保护规划的编制内容、编制深度及规划成果建议。

1.3.2 研究方法

（1）多学科综合研究法：城市历史风貌区的保护既包含技术、体制问题，又有认识观念问题，其系统的复杂性、多样性以及矛盾的冲突性和学科的交叉性是任何一门学科所不能单独处理的。本书在写作过程中，从社会学、文物保护学、城市规划等不同的层面对历史风貌区的社会基础、存在方式、具体的保护对象和保护规划进行了综合的研究。

（2）对比研究法：本书的比较包括国内和国外城市历史文化遗产保护进程与保护方法的比较，国内不同城市在历史风貌区保护中所出台的地方法规以及保护方式的比较，总结了国内外的成功经验与不足。另外，把历史风貌区与历史文化街区的概念及保护措施进行了比较，更加有益于加深对历史风貌区的认识。

（3）实例分析法：本书在对前人理论总结和提炼的基础上，概括城市历史风貌区保护的理论框架和体系，对其概念的界定、构成以及保护与发展的理念、规划设计方法、规划编制方法等做出理性的分析，并结合浦口火车站历史风貌区保护规划作进一步的论述，做到了理论与实践相结合。

（4）实地调研法：运用观察法在大量的实地调查中获得第一手的资料，在不同的位置、时间以及空间使用科学的方法，详细观察并拍摄照片，系统地进行了有关信息的现场搜集、记录、整理和分析，这为课题研究与展开提供了正确可靠的资料。此外，还对国内外一些城市的相似实例进行了实地调研，收集了相关资料。

2 国内外相关理论发展与实践研究

2.1 国外相关理论研究与实践

2.1.1 国外城市历史保护区的法律概念

世界各国及地方政府一直积极致力于历史文化遗产的保护问题。有些国家在历史地段保护方面已取得显著的成效,它们的做法值得借鉴(表 2-1)。

表 2-1 国外历史保护区相关概念及定义

国家	名称	定义
法国	保护区	体现了历史的、美学的特征或从本质上足以对其整体或部分建筑群进行保护、修复和价值重现
	建筑、城市和景观遗产保护区	地区或街区所具有的需要保护的建筑的、历史的、遗存的或者景观的价值是确定保护区范围首要考虑的因素
英国	保护区	具有特殊的建筑或历史价值,并且其内在特点和外观需要保存或整治的地区
美国	国家登录地段	由历史或美学意义集合在一起的遗址、建筑物群、构筑物群或环境物件群
	地方历史地段	位于城市或乡村、规模可大可小、可以明确区分的地域范围,是地方历史保护法划定的地区
日本	传统建筑群保存地区	传统建筑集中,与周围环境一体、形成历史风貌的地区

法国是世界上较早的将保护对象从单体建筑扩展到城市范

畴的国家。它于 1962 年颁布的《马尔罗法令》确立了"保护区"的概念,将其定义为"体现了历史的、美学的特征或从本质上足以对其整体或部分建筑群进行保护、修复和价值重现"的区域。法国提出保护区的概念,就是规划出城市中具有历史意义的地区,是城市发展的一种新的方式。

英国 1967 年颁布的《城市文明法》首次将"保护区"纳入到立法范围。该法令要求各地方政府划分出各自辖区中的保护区,即"其特点或外观值得保护或予以强调的,具有特殊的建筑艺术和历史特征的地区"。1990 年颁布的《〈登录建筑和保护区〉规划法》对保护区有了进一步的定义标准,即"具有特殊的建筑或历史价值,并且其内在特点和外观需要保存或整治的地区"。

日本 1966 年颁布的《古都保存法》中的历史风土是指"在历史上有意义的建造物、遗迹等与周围的自然环境已成为一体,体现并构成古都传统和文化的土地状况",不包括历史文化街区、近代建筑群等历史环境。而在 1975 年修订的《文化财保存法》中增加了"传统建筑群保存地区"的概念。它规定"传统建筑群保存地区"是为保护传统建造物群以及与这些建造物形成一体并构成其整体价值的环境,由市町村划定的地域范围①。

2.1.2 国际宪章、公约中的重要思想

国际上对历史文化街区的保护经历了三次保护思潮。第一次保护思潮将注意力集中在保护单体建筑上,第二次保护思潮的保护范围扩大到历史建筑群、城市景观和建筑环境上,到了第三次保护思潮时期,具有针对性的地方性保护政策的制定成为主角②。

1933 年,国际现代建筑协会制定了第一个国际公认的城市规

---

① 伍江,王林.历史文化风貌区保护规划编制管理[M].上海:同济大学出版社,2007.

② 张维亚.国外城市历史街区保护与开发研究综述[J].金陵科技学院学报,2007,(2):55-58.

划纲领性文件《雅典宪章》,该宪章不仅对"有历史价值的建筑和地区"指出了保护的基本原则,还指出了保护好代表一个历史时期的历史遗存,对于教育后代方面的重要意义:由于文物建筑的历史和科学价值以及它们传递的人类智慧,它们是过去历史的珍贵见证,应当得到妥善保存,不可加以破坏①。

1964年,国际文化财产保护与修复中心由联合国教科文组织倡导成立,该中心通过的《威尼斯宪章》明确提出了保护历史环境的重要性。宪章中指出:文物古迹不仅包括单个建筑物,而且包括能够从中找出一种独特的文明、一种有意义的发展或一个历史事件见证的城市或乡村环境。

1976年,联合国教科文组织在内罗毕通过的《内罗毕建议》拓展了保护的内涵,即包括鉴定、防护、保存、修缮和再生,明确指出了保护历史文化街区的作用和价值:"历史地区是各地人类日常环境的组成部分,它们代表着形成其过去的生动见证,提供了与社会多样化相对应所需的生活背景的多样化,并且基于以上各点,它们获得了自身的价值,又得到了人性的一面";"历史地区为文化、宗教及社会活动的多样化和财富提供了最确切的见证"。

1987年,国际古建遗址理事会通过的《华盛顿宪章》再次对保护"历史地段"的概念做了修正和补充,文件指明了"历史地段"应该保护的五项内容,即地段和街道的格局和空间形式;建筑物和绿化、旷地的空间关系;历史性建筑的内外面貌,包括体量、形式、建筑风格、材料、色彩、建筑装饰等;地段与周围环境的关系,包括与自然和人工环境的关系;地段的历史功能和作用②(表2-2)。

① 张松.城市文化遗产保护国际宪章与国内法规选编[M].上海:同济大学出版社,2007.

② 任云兰.国外历史街区的保护[J].城市问题,2007,(7):93-96.

表 2-2　主要国际公约和章程

时间	名称	发布机构	保护内容
1933 年	雅典宪章	国际现代建筑协会	不仅指出了"有历史价值的建筑和地区"的基本保护原则,还指出了应保护好代表一个历史时期的历史遗存
1964 年	威尼斯宪章	国际文化财产保护与修复中心	明确提出文物古迹不仅包括单个建筑物,而且包括能够从中找出一种独特的文明、一种有意义的发展或一个历史事件见证的城市或乡村环境
1972 年	保护世界文化和自然遗产公约	联合国教科文组织	本组织将通过保存和维护世界遗产和建议有关国家订立必要的国际公约来维护、增进和传播知识
1972 年	关于在国家一级保护文化和自然遗产的建议	联合国教科文组织	提出应该为保护、保存、展示和修复具有历史和艺术价值的建筑群制订计划
1976 年	内罗毕建议	联合国教科文组织	拓展了保护的内涵,即包括鉴定、防护、保存、修缮和再生,明确指出了保护历史文化街区的作用和价值
1977 年	马丘比丘宪章	国际现代建筑协会	城市的个性和特征取决于城市的体型结构和社会特征,因此不仅要保存和维护好城市的历史遗址和古迹,而且还要继承一般的文化传统。一切有价值的说明社会和民族特性的文物必须保护起来

时间	名称	发布机构	保护内容
1987 年	华盛顿宪章	国际古迹遗址理事会	再次对保护"历史地段"的概念做了修正和补充,确定了城镇历史地段保护的原则,基本上确立了国际上保护历史文化街区的概念
1998 年	保护和发展历史城市国际合作苏州宣言	联合国教科文组织	在全球化和城市迅速转变的年代,城市本身的特殊性应集中体现在历史地区及其文化之中,城市发展的一个基本因素是历史地区的保护与延续,提出了具体的保护与更新方式
1999 年	北京宪章	国际现代建筑协会	提倡"宜将新区规划设计、旧城整治、更新与重建等纳入一个动态的、生生不息的循环体系之中,在时空因素作用下,不断提高环境质量"
2005 年	西安宣言	国际古迹遗址理事会	必须通过规划手段和实践,确保历史遗迹外围环境的保护和管理,并维持可持续的城市整体发展

2.1.3 典型案例分析

(1)法国巴黎马雷保护区

法国巴黎的马雷(Marais)保护区位于塞纳河右岸(图 2-1),是巴黎两个保护区之一,也是《马尔罗法令》(1962 年)之后成立的第一个保护区,从市政府广场到巴士底广场,跨巴黎的第三区和第四区,占地 126 公顷。马雷保护区集中了 16 世纪和 17 世纪为贵族建设的豪宅,但是却被普通的住宅和狭窄的街道包围着。马雷还具有独特的功能性,它曾经是而且现在还是一个具有高度手工技能的中心,有珠宝店、钟表匠、枪支制造商、别致的五金器具、特殊的手工艺,如高级女士时装、花边、丝带、纽扣、艺术花卉等等①。

图 2-1　马雷保护区区位图　　图 2-2　1738 年马雷区地图

整个 19 世纪,马雷都在改建中变得面目全非。1965 年的马雷保护区规划是对《马尔罗法令》的首次尝试,规划的原则一直沿用至今。随着郊区的发展和保护区规划的推进,从 1962 年到 1990 年,马雷区的人口减少了一半。1990 年,这个地区基本生活设施比例也明显提高②(图 2-2、图 2-3、图 2-4)。

图 2-3　1965 年马雷区地图　　图 2-4　1969 年马雷区地图

---

　　①　伍江,王林.历史文化风貌区保护规划编制管理[M].上海:同济大学出版社,2007.

　　②　中国城市规划行业信息网.法国城市历史遗产保护Ⅷ[EB/OL].http://www.china－up.com:8080/gzcy/showcase.asp? id=122.

马雷保护区的保护规划(图 2-5)对建筑、区域、绿地、绿化、树木和通道进行了详细的分类划分。而保护区规划的目的是在保护区中明确地界定对城市物质性要素,包括建筑及其局部、街道广场和庭院空间、绿地和绿化以及地面进行保护、修缮或更新的界线,并包含了"保护"与"更新"两大系统。马雷保护区内要素的价值评价分为"保留"和"拆除"两大类,在对建筑的保护规定中,明确了建筑保护的不同等级以及应该保护的建筑局部,并且对保护区的空间整合、梳理做结构性规定[①](图 2-6)。

图 2-5 马雷保护区保护规划图　　**图 2-6 建筑改造对比图**

(2) 日本川越市一番街历史地段的保护

川越市位于崎玉县中部偏南,是大东京地区的一个卫星城,拥有丰富的历史资源。川越市的历史景观以一番街商业街历史地段为代表,一番街位于川越车站以北约 2 公里处,是旧城下町地区的一部分[②](图 2-7)。

在 1965 年专家们第一次提出有关川越市历史建筑保护的问题后,保护藏造建筑(图 2-8)和历史地段的呼声越来越高。1965～1974 年,川越开始了街区景观保存运动。1975 年,日本进行了全国

---

①　奚文沁,周俭.巴黎历史城区保护的类型与方式[J].国外城市规划,2004,(5):62-67.

②　毛羽.天津原意租界历史街区保护与更新模式的探析[D].天津:天津大学,2009.

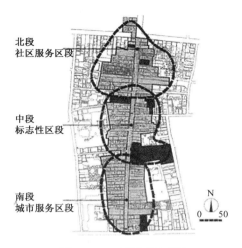

北段
社区服务区段

中段
标志性区段

南段
城市服务区段

N

0　　50

图 2-7　一番街平面图

图 2-8　一番街藏造建筑

范围的"传统建筑物群保存地区对策调查",历史保护的观念更加深入人心。1983 年成立的"川越藏造建筑学会"发起了"一番街商业街复兴"活动,并逐渐形成了"借助街区景观保全来恢复商业活力"的理念。

　　1987 年 4 月,在此基础上缔结了《川越一番街街区建设规范及相关协定书》,并成立了名为"街区景观整治委员会"的民间组织。1988年，委员会确定了《街区建设规范》，开始帮助并指导店铺的建设和改造工作。1989年，政府开始进行被统称为"历路事业"的道路改造工程，于1992年完成了一番街的电缆入地工程，街区景观(图2-9、图2-10)大大得到改善。规划还对一番街的交通流量进行控制，将人行道与车行道分离开来。此外，从街区景观整治角度，对原有城市规划中的道路红线进行了修改，缩小了红线宽度，对传统建造物群保存地区的土地利用规划也重新进行了讨论。

1998年6月，文化财产保护科制定了《川越市川越传统建筑物群保存地区保存条例》，从城市规划角度确定了保存地区的范围和相关要求；1999年12月，川越市以一番街为中心的历史地段被划定为国家重要传统建筑物群保存地区。

图2-9　一番街街景　　　**图2-10　标志性建筑——钟楼**

川越市传统街区保护工作已经进行了近40年，尤其是1980年以后，市民们成立了各种民间团体，积极推动保护和整治传统街区的工作。一番街的居民和来自其他街区的川越市民、专家学者及相关政府部门等各方的参与共同推动了川越历史文化遗产保护的进程①。

①　焦怡雪.公众参与：日本川越市一番街历史地段保护范例[J].北京规划建设，2004，(2)：138-140.

（3）德国汉堡百年仓库街

汉堡是德国北部一座港口城市，也是德国第二大城市，仅次于柏林，面积755平方公里，有170多万人口。汉堡市内河道纵横，流水穿街，许多楼房建在河面上，素有"北方威尼斯"之称。

汉堡的仓库街早在1888年就开始建造，实际上是被东西走向的一条水道、两条道路贯穿的一个仓库区。如今仓库街的面积已达30万平方米，成了世界上最大的仓储式综合市场（图2-11、图2-12）。

图2-11　仓库街平面图

图2-12　仓库街鸟瞰图

仓库街的部分库房被开发成博物馆，包括仓库街博物馆、海关博物馆等，从中可以感受到汉堡仓库街与以古代丝绸之路为代表的东西方贸易通道的某种渊源。由于地段功能的制约，其道路网密度及交通便利程度都低于城市其他地段，仓库街为改善交通,设置了停车场和人行天桥。

汉堡的百年仓库街已成为一个著名的旅游景点,德皇威廉二世时期的绿顶红砖墙的哥特式建筑风格也被新建建筑采用,整体风貌协调统一。

2.2 国内相关理论研究与实践

2.2.1 我国历史文化遗产保护的层次

近年来,我国在文化遗产的保护上采取了许多新的做法,或是开辟了新的领域,或是在原来的范围中突出了某些重点。至1990年代,我国历史文化遗产保护形成了"文物保护单位"、"历史文化街区"、"历史文化名城"三个层次。这三个层次的重要意义不仅在于从点到面扩大了保护范围,更在于是根据历史文化遗产的不同特点采取不同的保护方法①。这种有区别、有层次的保护体系,可以很好地协调历史文化名城中保护和建设的矛盾,使我们能够做到既保护好历史文化遗产,又促进经济社会发展,实现城市现代化。

2002年,王景慧先生在其《城市历史文化遗产保护的政策与规划》一文中提出了历史地段的保护原则:即保护真实历史遗存,这和文物古迹类似;保护外观整体风貌,这与保护文物古迹有差别,它意味着内部可以改造更新,也意味着保护的重点不只是建筑物,还包括环境风貌多重内容;维护并发扬原有的使用功能,这点是最重要的,也是有困难的,我们保护的不只是物质躯壳,还应包含它们承载的社会、文化活动,保持活力,延续生活②。

2.2.2 我国历史文化遗产保护的发展历程

我国对于历史文化遗产的保护初始于对文物建筑的保护,然

---

① 王景慧.城市规划与文化遗产保护[J].城市规划,2006,(11):57-59,88.

② 王景慧.城市历史文化遗产保护的政策与规划[J].城市规划,2004,(10):68-73.

后发展成为对历史文化名城的保护,后来在此基础上增加了历史文化街区保护的内容,形成重心转向历史文化保护区的多层次历史文化遗产保护体系。

1982年国务院公布了第一批国家历史文化名城,在这一时期虽然还没有形成历史街区的概念,但已经注意到了文物建筑以外地区的保护问题。

1985年,建设部城市规划司建议设立"历史性传统街区",提出"对文物古迹比较集中,或能较完整地体现出某一历史时期传统风貌和民族地方特色的街区、建筑群、小镇、村落等也予以保护……核定公布为地方各级'历史文化保护区'"。同时该文件明确地将"具有一定的代表城市传统风貌的街区"作为核定历史文化名城的标准之一,这标志着历史街区保护政策得到政府的确认。

1986年国务院公布第二批国家级历史文化名城时,针对历史文化名城保护工作中的不足和旧城改建新的高潮,正式提出保护历史街区的概念。由于历史街区的现状条件与现代化生活的要求相去甚远,面对大规模旧城改造的冲击,名城保护工作更为艰难。

1996年,国家设立了历史文化名城保护的专项资金,主要用于重点历史街区的保护规划、维修、整治。1997年丽江、平遥等16个历史街区共得到3 000万元的资助,此后每年有10个左右的历史文化街区得到了这项资助。历史文化街区保护制度的确定使我国历史文化遗产的保护上了一个新台阶,标志着我国历史文化遗产的保护向着逐步完善与成熟阶段迈进[①]。

2002年10月修订的《中华人民共和国文物保护法》正式将历史文化街区列入不可移动文物范畴,具体规定为:"保存文物特别丰富并且具有重大历史价值或者革命意义的城镇、街道、村庄,由省、自治区、直辖市人民政府核定公布为历史文化街区、村镇,并

---

① 阮仪三,孙萌. 我国历史街区保护与规划的若干问题研究[J]. 城市规划,2001,(1):25-32.

报国务院备案"(《中华人民共和国文物保护法》第十四条)①。

2003 年 11 月建设部公布了《城市紫线管理办法》,2004 年公布《关于加强对城市优秀近现代建筑规划保护工作的指导意见》,将优秀近现代建筑按《城市紫线管理办法》进行保护管理。

2005 年 12 月《国务院关于加强文化遗产保护的通知》第一次在正式文件中用"文化遗产"代替了过去常用的"文物古迹",它涵盖了文物保护单位、历史文化街区(村、镇)、历史文化名城,也包括了可移动文物、非物质文化遗产以及未来可能发展的新品类。这一方面反映对保护工作更加全面的认识,另一方面这也是用了国际通用的概念,以适应国际上文化遗产保护的不断扩展。

2.2.3 典型案例分析

历史文化街区的保护、更新,是历史文化街区在新的历史时期延续其生命的重要措施。在过去近 30 年我国城市化的历程中,可以列举出历史文化街区改造的许多实例。

(1)绍兴仓桥直街的历史文化街区保护

仓桥直街历史文化街区位于绍兴古城区中部偏西,今属越城区府山街道越都社区,由街坊、民居、河道组成。街区北起市中心城市广场西南角的宝珠桥,南至鲁迅路的凤仪桥,南北全长 1.5 公里。东以仓桥直街东侧沿街民宅为界,西抵龙山后街—府山街一线,东西宽在 70~150 米之间,占地面积 6.4 公顷,建筑面积 5 万多平方米,有典型的清末民初江南民居特色和浓郁的水乡风情②。

2001 年开始,绍兴对这一历史文化街区进行修缮保护和环境整治,已投入 7 000 多万元。这项保护整治工程采取适度减少人口密度,改造基础设施的做法,按照"修旧如旧,风貌协调"的原则修缮老街、老宅,保留了绍兴水乡民情生活的原生态③。

---

① http://baike. baidu. com/view/483885. htm♯sub483885

② 阚维民,戴湘毅,等.世界遗产视野中的历史街区——以绍兴古城历史街区为例[M].北京:中华书局,2010.

③ http://www. people. com. cn/GB/wenhua/22219/2236806. html

仓桥直街历史街区保护的指导原则确定为："重点保护、合理保留、局部改造、普遍改善"。保护的总目标是：总体展示古城风貌，重点体现文化内涵，普遍改善居住条件，努力激活商贸旅游。具体修复的方法包括：风貌协调、修旧如旧；重点体现文化内涵；完善基础设施；激活商贸旅游（图 2-13）。

图 2-13 改造已遭破坏的建筑为商业建筑

仓桥直街历史街区保护改造工程是一个采取政府、部门、个人共同出资的方式进行统一保护改造的历史名城保护项目。政府专门出台了实施办法，针对历史街区的保护改造制定了十多条政策，以保障历史街区保护改造工作的顺利进行，其中包括了资金政策、签订保护协议、人口疏散政策、房屋腾空政策、拆违政策、历史街区的管理等[①]。

（2）上海新天地历史文化街区规划设计

上海新天地坐落在卢湾区淮海中路东段的南侧，东至黄陵南路，西到马当路，北沿太仓路，南接自忠路，总占地面积 2.97 公顷，建筑面积 6 万平方米。工程依照"整旧如旧，保护历史，文化兴市"的思路，对该地区进行保护性开发，以保留代表上海市民阶层文化的石库门建筑，并建造具有现代气息的新建筑，将原来的住宅街坊改造成集餐饮、购物、休闲、文化为一体的综合性

① 绍兴市历史街区保护管理办公室.绍兴仓桥直街历史街区保护[J].城市发展研究,2005,(5):61-65.

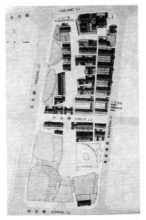

**图 2-14　新天地规划
示意图**

商业区域(图2-14)。

新天地分为南里和北里两个部分,南里以现代建筑为主,石库门旧建筑为辅;北部地块以保留石库门旧建筑为主,新旧对话,交相辉映。南里建成了一座总楼面面积达2.5万平方米的购物、娱乐、休闲中心,为本地和外地的消费者及游人提供了一个多元化和有品位的休闲娱乐热点。北里由多幢石库门老房子所组成,并结合了现代化的建筑、装潢和设备,化身成多家高级消费场所及餐厅。南里和北里的分水岭——兴业路是中共"一大"会址的所在地,沿街的石库门建筑也成为凝结历史文化与艺术的城市风景线。

在城市文化的保护和创新上,新天地的规划建设成为了一个典范。它保存了上海特有的城市传统特征石库门里弄的历史记忆,又对老建筑的内外部空间进行了空间更新和改造,唤醒了它适应现代城市生活的生命力;它为城市市民提供了有个性的尺度。这个地方成了上海的新地标。

上海新天地将商业资本与景观、文化遗存的成功结合,使得城市管理者、投资商和消费者都共同看到了近现代历史风貌区在空间与功能重塑方面所面临的巨大机遇。同时,由于我国目前对近现代历史风貌区的保护还没有成形的国家法规、规范限制,因此在实践中地方政府与开发商就具有较大的行为空间。此外,由于近现代历史风貌区的历史遗存并不久远,它十分容易唤起人们尤其是小资阶层跨越时空的文化怀旧情绪。所有这些,都使得近现代历史风貌区的再利用成为近年来许多城市倾力打造的一个主题[①]。

---

① 张京祥,邓化媛. 城市近现代历史风貌区的空间与功能重塑[J]. 中国名城,2009,(1):16-19.

（3）苏州河北岸闸北段保护规划

苏州河原名吴淞江,全长100多公里,是上海境内继黄浦江之后的第二大河,是唯一横贯上海市中心区的东西向河流,在古代的江海航运中苏州河是连通富庶的江南地区和上海海上贸易的通道,她孕育了上海早期的繁荣,沿线城市格局经历了漫长的演变,在20世纪30年代基本成形,是上海城市发展的历史见证。

闸北区苏州河北岸项目地理位置优越,沿线有着众多的优秀历史建筑,特别是集中了一大批极具历史文化价值的金融仓库。沿苏州河两岸的仓储建筑是中国最早的民族工业发展的这段历史的记录。昔日,这里曾经有过辉煌和繁荣,而今,这里仍然是上海历史文化的底蕴所在。

该项目的开发区域正处在苏州河"S"形河段的北岸,从河南北路至成都北路,有2 300米岸线,地理位置十分优越,其中核心区域1 000米黄金岸线区位与交通优势明显,是苏州河沿岸最具开发价值的地段之一(图2-15)。项目核心区域是以西藏路桥为轴心,东起浙江北路,西至乌镇路,北到曲阜路和曲阜西路的沿河占地12.5万平方米,该核心区域内百联集团拥有9幢独立建筑,建筑面积12.6万平方米(图2-16、图2-17)。

项目保护和恢复沿河历史老仓库的风貌和城市肌理,尊重旧仓库建筑的装饰艺术派风格和每幢旧建筑的个性,维持它们丰富的差异性;新建筑和其他新建的构筑设施保持一致风格;将新旧建筑以对比协调的手段统一起来。根据新的城市功能要求对沿河的部分旧建筑底层和二层进行布局和立面改造。针对老仓库建筑的不同现状,采取3种不同的设计原则:① 历史风貌保存完好:采用修复的手段,最大限度的保留老建筑的历史风貌。② 历史风貌破坏较大,但有历史资料可考:采用恢复的手段,最大限度的再现老建筑的历史风貌。③ 历史面貌完全破坏,且无历史资料可考或不全:保留原有结构,改造外立面,以最经济的手法将其和周围建筑形成统一。而新建筑则是在设计中借鉴老建筑的空间尺度感,营造小尺度的亲切空间。在建筑元素上,采用玻璃、钢材、木材等现代元素,衬托老建筑,以形成对比的协调。

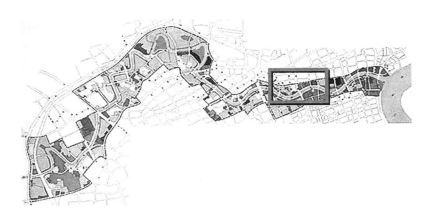

图 2-15　项目区位图

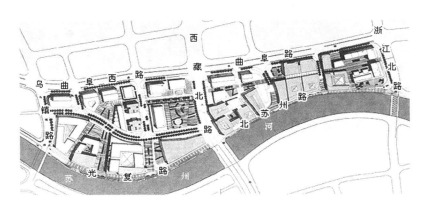

图 2-16　规划平面图

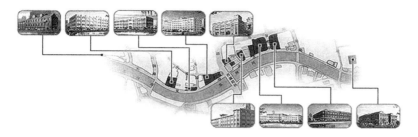

图 2-17　老仓库分布图

2.3　历史风貌区保护概况

2.3.1　历史风貌区的保护

随着历史文化遗产保护工作的不断深入,三个保护层次又有了新的发展。有些地方城市根据自身特点,增加了"历史文化风貌区"等新的保护概念。现上海、天津等市已制定了有关保护"历史建筑"、"历史文化风貌区"的地方法规,这是对现有三个保护层次体系的补充和发展,是值得关注和肯定的[①]。

因此,在我国历史文化名城保护中,保护历史风貌区具有非常重要的意义。历史风貌区是非法定保护区,可能包括有少量的文保单位,是城市具有传统环境风貌的地区,具有"准历史文化街区"的某些特点,或原本是历史性街区,经无序改造建设,整体风貌遭受破坏、价值不断衰退的地区[②]。

历史风貌区体现了城市的传统格局和风貌,展示了城市发展的历史延续和文化特色。保护历史风貌区可以较少影响旧城更新,减少与城市现代化建设的矛盾,对妥善处理保护与发展的关

---

① 王景慧. 城市规划与文化遗产保护[J]. 城市规划,2006,(11):57-59,88.

② 丁晓鹏. 城市历史文化风貌保护与发展初探——以淮安市文庙－慈云寺地区为例[D]. 南京:东南大学,2004.

系有重要意义①。而南京市提出历史风貌区的保护规划，就是为挖掘出一批条件尚可，但够不上历史文化街区条件的历史地段，采取相应的保护措施，使之能够得到较好的保护与传承，充分展示南京深厚的历史文化底蕴②。

2.3.2 《历史文化名城保护规划规范》相关要求

我国建设部于 2005 年颁布的《历史文化名城保护规划规范》（GB 50357—2005）规定历史文化名城保护规划应建立历史文化名城、历史文化街区与文物保护单位三个层次的保护体系。由此可见，历史文化街区已经成为历史文化名城保护当中的一个重要层次。

《规范》规定历史文化街区应具备以下条件：有比较完整的历史风貌；构成历史风貌的历史建筑和历史环境要素基本上是历史存留的原物；历史文化街区用地面积不小于 1 公顷；历史文化街区内文物古迹和历史建筑的用地面积宜达到保护区内建筑总用地的 60% 以上。

《规范》还指出历史文化街区保护规划应确定保护的目标和原则，严格保护该街区历史风貌，维持保护区的整体空间尺度，对保护区内的街巷和外围景观提出具体的保护要求。历史文化街区保护规划应按详细规划深度要求，划定保护界线并分别提出建（构）筑物和历史环境要素维修、改善与整治的规定，调整用地性质，制定建筑高度控制规定，进行重要节点的整治规划设计，拟定实施管理措施。

2.3.3 《江苏省历史文化街区保护规划编制导则》相关要求

历史文化街区规划编制应依据《中华人民共和国城乡规划

---

① 庄锐辉. 城市历史风貌区控制性详细规划编制探究[J].民营科技,2009,(2):199.

② 刘军,沈瑜. 走向理性的南京历史地段保护规划[J]. 现代城市研究,2010,(12):50-54.

法》、《中华人民共和国文物保护法》等相关法律,《江苏省历史文化名城名镇保护条例》等法规;《城市紫线管理规定》等部门规章;《历史文化名城保护规划规范》等相关技术规范、标准以及《省政府办公厅转发省建设厅省文物局关于加强历史街区保护工作意见的通知》(苏政办发〔2007〕86号)等相关规范性文件。

《导则》指出了历史文化街区规划编制应遵循保护历史真实载体的原则,统筹保护历史环境的原则和合理利用、永续利用的原则。将历史文化街区保护规划的规划层次定位为城市规划编制体系中的修建性详细规划,其内容和深度要结合历史文化街区的实际情况,并符合城市修建性详细规划的要求。

《导则》还指出规划编制成果需包括"五图一表",即历史建筑年代图、历史建筑功能图、历史建筑高度图、历史建筑质量图、非建筑类历史遗迹基础资料图和历史遗迹基础资料汇总表。

2.3.4　国内城市相关做法

1)上海市的历史文化风貌区

近代以来,上海一直是我国中西方文化交汇的重要窗口。上海的历史文化是近代中国历史文化的缩影,具有独特的历史价值和纪念意义。

(1)上海市历史文化风貌区和优秀历史建筑保护条例

《上海市历史文化风貌区和优秀历史建筑保护条例》(2003年)颁布实施后,上海市在中心城区确定了12处"历史文化风貌区"(图2-18),总用地面积约为27平方千米,包括具有30年以上历史的、具有时代特征的各类建筑、建筑群和各有特色的城市空间,融合了上海城市发展过程中各个时代的鲜明风格,体现了近代上海在社会经济、文化、生活各个方面的成就和发展轨迹。

条例规定:历史文化风貌区和优秀历史建筑的保护,遵循统一规划、分类管理、有效保护、合理利用、利用服从保护的原则 [1]。

---

[1]　蔡宝瑞. 历史文化风貌区和优秀历史建筑法规为你保驾护航[J]. 上海人大月刊,2002,(8):15-16.

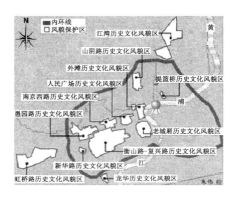

2-18 上海市 12 个历史文化风貌区

从城市发展进程和时序来看,以历史最为悠久的老城厢为依托,以较早建成的外滩为中心,上海的历史文化风貌区分别向西、向北逐步延伸。按照城区功能来分,外滩、人民广场、江湾等风貌区是以公共活动为特征的区域;其他风貌区则更多体现了丰富多样、包容万象的居住文化,大部分风貌区还拥有众多名人活动的踪迹、革命史迹和纪念场所以及丰富的旅游资源(表 2-3)。

表 2-3 上海中心城 12 个风貌区概况表

风貌区名称	所属行政辖区	用地规模/hm²	风貌特点
老城厢	黄浦区	200	以传统寺庙、居住、商业、街巷格局为风貌特色
外滩	黄浦、虹口区	101	以外滩历史建筑群、建筑轮廓线以及街道空间为风貌特色
人民广场	黄浦区	107.	以近代商业文化娱乐建筑、南京路—人民广场城市空间和里弄建筑为风貌特色
衡山路—复兴路	徐汇、卢湾、静安、长宁区	775	以花园住宅、里弄、公寓为主要风貌特色

风貌区名称	所属行政辖区	用地规模/hm²	风貌特点
虹桥路	长宁区	481	以乡村别墅为风貌特色
山阴路	虹口区	129	以革命史迹、花园、里弄住宅为风貌特色
江湾	杨浦区	457	以原市政中心历史建筑群和环形放射状的路网格局为风貌特色
龙华	徐汇区	45	以烈士陵园和寺庙为风貌特色
提篮桥	虹口区	29	以特殊建筑和里弄住宅、宗教场所为风貌特色
南京西路	静安区	115	以各类住宅和公共建筑为风貌特色
愚园路	长宁、静安区	223	以花园、里弄住宅和教育建筑为特色
新华路	长宁区	34	以花园住宅为风貌特色

（2）规划编制定位

上海市中心城区 12 处历史文化风貌区保护规划于 2005 年 10 月编制完成。该规划通过分析风貌区的特征，从城市空间景观、社会生活功能、历史文化、技术法规等四个方面提出了适合上海现有管理体制、有利于规划管理、兼顾科学性与操作性的规划编制方法，制定了针对各个历史文化风貌区特点的规划管理技术规定，进行了一些有益的研究和尝试。而上海市也将历史文化风貌区定位在控制性详细规划层面编制保护规划，保证保护规划的法律地位[①]。

上海市历史文化风貌区保护规划在经市政府批准后，作为上

---

① 周俭,范燕群. 保护文化遗产与延续历史风貌并重——上海市历史文化风貌区保护规划编制的特点[J].上海城市规划,2006,(2):10-12.

海市城市规划特定地区的控制性详细规划,具备了规划上的法律地位,因此在风貌区范围内替代了原有其他同一层次的规划,成为了风貌区保护与建设的管理依据。

2）天津市的历史文化风貌保护区

天津是我国历史文化名城,孕育了丰富的历史文化底蕴,形成了"近代中国看天津"的历史文化名城特色。加强历史文化名城保护,努力创造丰富多彩和具有天津特色的城市景观,建设特色旅游城市,对促进天津市经济社会可持续发展具有重要的意义。

2005年,天津市制定了《天津市历史风貌建筑保护条例》将历史风貌建筑划分为特殊、重点和一般三个保护等级。天津不仅有大量单体历史风貌建筑(图2-19),还有许多集中成片、街区景观比较完整协调的历史风貌建筑群。为了保护这些成片的历史风貌建筑,《条例》规定了历史风貌建筑区保护制度。

图2-19 天津市历史风貌建筑

《天津市历史文化名城保护规划》共划定5片历史文化风貌保护区,总面积为494.8万平方米(图2-20)。历史文化风貌保护区范围内,要保护与延续街区传统格局与风貌,要严格保护风貌区内现存的文物保护单位、历史建筑等历史文化遗存。新建建筑应与街区空间格局和风貌协调,保护区内环境要素的设置要与历史环境协调,不得擅自新建、扩建道路。对现有道路进行改建时,

图 2-20 天津市历史文化风貌保护区

应当保持或者恢复其原有的道路格局。《规划》根据不同地段的不同特征,确定保护区范围。《规划》的第六章还提出了历史城区整体上的保护内容,包括对历史河湖水系保护、街巷路网保护、城市轮廓与建筑高度控制、街道对景保护等方面。

(1)多样化街巷路网的保护

调整历史城区内街巷路网要延续原多样化的格局特点。历史文化保护区与历史文化风貌保护区内路网,按照保护区的保护要求执行。重点保护地区内,历史文化保护区和历史文化风貌保护区以外地区,街巷路网走向原则上不得改变。历史城区内,重点保护地区以外的路网可根据城市交通发展需要,做适当的调整。采取切实可行的管理措施和调控手段,发展公共交通,限制小汽车在历史城区的过度使用,同时控制历史城区土地的开发强度,从根本上压缩机动车交通生成吸引量,以利于历史城区风貌保护。

(2)城市空间轮廓的保护和建筑高度控制

对历史城区的建筑高度按照三个层次进行控制。第一个层次为历史文化保护区和历史文化风貌保护区的保护范围,是历史城区保护的重点区域。在该区域内应按照维护历史街巷传统空间格局和风貌的要求进行高度控制。第二个层次为历史文化保护区和历史文化风貌保护区的建设控制区范围。建筑高度应通过视线分析确定,不得破坏保护区的空间环境,并满足主要观赏点的视觉保护要求。第三个层次为历史城区内,历史文化保护区和历史文化风貌保护区建设控制地带之外的区域。必须严格按《天津市中心城区控制性详细规划》的要求进行高度控制,不得突破。

（3）城市街道对景的保护

对历史形成的对景建筑及其环境加以保护,控制其周围建筑的高度。在历史城区的改造中必须处理好街道与重要历史风貌建筑的对景关系,保护好传统的历史景观,如南门外大街北望鼓楼、解放北路北望解放桥、北马路东望望海楼教堂、滨江道西望西开教堂、西站前街北望天津西站等等。

3）南京市的历史风貌区

在南京存在许多具有传统风貌的地段,它们以丰富的物质文化价值与精神文化价值,传承了南京特有的历史文化。2006 年《南京市重要近现代建筑和近现代建筑风貌区保护条例》公布。《条例》第十九条指出,根据历史、文化、科学、艺术价值以及建筑的完好程度,保护规划应当对每处重要建筑和风貌区的下列要素提出保护要求:建筑立面;结构体系和平面布局;有特色的内部装饰和建筑构件;有特色的院落、门头、树木、喷泉、雕塑和室外地面铺装;空间格局和整体风貌。

南京历史文化资源丰富,其差异性决定了在历史地段的保护上需要采取多元保护,因此,提出了多层次保护的办法,使历史地段的保护管理与规划管理相衔接。

（1）保护层次

南京将历史地段划分为"历史文化街区"、"历史风貌区"和"一般历史地段"3 个层次,相应采取"指定保护"、"登录保护"和"规划控制"3 种保护控制方式(表 2-4)。

表 2-4　南京历史地段保护层次

层次	控制方式	定义
历史文化街区	指定保护	保留遗存较为丰富,能够比较完整、真实地反映一定历史时期传统风貌或民族、地方特色,历史建筑占地比例在 60% 以上,规模在 1 hm² 以上的历史街区、建筑群和村落
历史风貌区	登录保护	达不到历史文化街区标准,但历史建筑集中成片,建筑样式、空间格局和街区景观较完整,能够体现南京某一历史时期地域文化特点的地区
一般历史地段	规划控制	历史建筑数量相对较少、分布相对零散,但道路街巷格局仍然保持历史格局的历史地段

（2）保护名录

南京划定的 22 片历史风貌区分别为：天目路、下关滨江、百子亭、复成新村、慧园里、西白菜园、宁中里、江南水泥厂、评事街、内秦淮河两岸、花露岗、钓鱼台、大油坊巷、双塘园、龙虎巷、左所大街、金陵大学、金陵女子大学、中央大学、浦口火车站、浦镇机厂、六合文庙等。

其中天目路、复成新村、慧园里、西白菜园、宁中里、江南水泥厂、百子亭等 7 片历史风貌区,已公布为南京市重要近现代建筑风貌区。

（3）保护对策

南京历史风貌区按照《南京市历史文化名城保护条例》实行登录保护。重点保护整体格局和传统风貌,新建建筑高度、体量、风格等必须与历史风貌相协调,不得改变保护范围内历史街巷的走向。居住类的历史风貌区一般不得改变其主体功能。保护更新方式宜采取小规模、渐进式,不得大拆大建。

对指定保护的资源严格按照相关法律法规进行保护和控制、

对登录保护和规划控制的资源则强调更为多元化的保护,通过各种城市设计和建筑设计手法保护和延续其历史价值和特色。在保护方式上,也从过去的简单控制、禁止建设,调整为更加重视历史资源的修缮、改善与利用①。

2.4 本章小结

本章依据相关规范和导则,通过对法国的巴黎、日本的川越、德国的汉堡以及我国的绍兴、上海等城市保护规划编制和管理方法的研究,得到不少启发。国外城市历史地区的保护起步较早,通过多年的实践,已经在法律、行政管理、资金保障制度、公众参与等方面形成了一整套完善、高效的保护机制。我国的法律与管理等体制还不很健全,人们对于历史地区保护的意识有待提高。在这样的实际背景下,盲目地照搬他国的体系显然是不明智的。

南京历史风貌区保护规划需要从实际情况出发,深入分析,获取能够借鉴的经验,规避他们经历的教训。绍兴、上海等历史地段保护的研究和南京是在相同的法律、管理制度框架下进行的,这些城市的保护方法和措施,更能为制定符合南京地方特色的保护政策和保护机制提供借鉴。

由于我国目前保护规划的编制尚未形成统一的规范模本,同时,实施的制度保障又存在缺陷,大部分保护规划难以真正"落地",这往往使得保护的成效与保护规划编制的初衷大相径庭。因此,南京应该从上述其他城市的保护经验中,从规划编制的体系构架、规划管理、可操作性等方面进行借鉴并充分研究,尝试从保护要求出发,对探索保护规划编制办法、完善保护管理制度、设计管理方法和程序等方面提出建议,以符合南京地方特色,确保规划成果最大限度地为保存城市历史风貌提供管理依据,并使规划能够与现行城市规划管理体制的发展方向相适应。

①　刘军,沈瑜.走向理性的南京历史地段保护规划[J].现代城市研究,2010,(12):50-54.

3 浦口火车站历史风貌区现状情况

　　2010 年修编的南京历史文化名城保护规划划定了 9 片历史文化街区,22 片历史风貌区及 10 片一般历史地段。浦口火车站历史风貌区作为 22 片历史风貌区之一,拥有悠久的历史和独特的文化底蕴。

3.1　历史沿革

3.1.1　总述

　　浦口,位于南京长江北面,自古就有"金陵天然屏障"之称。这个被称为"浦口"的地方,迄今已有上千年的历史了。"浦",字意是濒临水边的地方。"浦口",顾名思义,是临水的港。而这水,正是奔腾不息的长江。我们这里所说的浦口,并非今天的浦口镇,而是指现在的东门和南门一带,它最初的名字不叫浦口,而叫"晋王城"。从"晋王城"改称作浦口,是从元朝初期(1279 年)开始的。据《江浦县志》记载:"浦口,元为浦子市,亦称浦子口。"从此,"浦口"这一地名一直沿用至今。2002 年 5 月,经国务院批准,原江浦县和浦口区合并建立新的浦口区,且为南京城区的组成部分。从此,浦口进入了一个崭新的发展时期。

　　浦口火车站在全国的近代铁路史上有着重要的地位。1908 年,清政府迫于英德两国的压力开始修筑津浦铁路(图 3-1),该铁路自天津至浦口,全长 1 009.48 公里,后因故延至天津东站,正线全长为 1 013.83 公里。1912 年 1 月 1 日,中华民国临时政府在南京建立。同一天,津浦铁路全线通车(图 3-2)。1914 年,浦口火车站大楼及其附属建筑全部建成并交付使用。由于浦口段为英国财团负责建造,故火车站建筑群的风格为英式风格(图 3-3、图 3-4)。

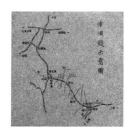

图 3-1 津浦铁路
示意图

图 3-2 津浦铁路开通仪式

图 3-3 初建时的浦口火车站

图 3-4 浦口火车站月台

1930 年 12 月 1 日,国民政府铁道部在老江口动工兴建当时国内最大的火车轮渡渡口。1933 年 10 月,渡口完工,国民政府又从英国购买了一条巨大的专用渡轮命名为"长江号",正式开始营运。从此,津浦和沪宁两条铁路连成一体。这对当时的南北文化经济交流起了重大的积极作用,也给南京带来了新的生机。1937 年 12 月,日军侵占南京前,轮渡开到长江上游躲过战火,抗战胜利后才开回浦口营运。

1968 年 10 月 1 日,南京长江大桥正式通车,列车直过大桥,沟通浦口与下关的火车轮渡停运,浦口火车站的客运暂时停止,仅仅承担货运。1985 年 4 月 1 日,为减轻大桥的负担,浦口车站中断了 16 年之久的客运再次恢复。浦口火车站更名为"南京北站"。2004 年 10 月,浦口火车站再次停办客运,各项客运设施全部封存,仅留下货运和维护的职能。

3.1.2 历史年表

表 3-1　浦口火车站历史风貌区历史年表

时间	事件
1908 年 1 月 13 日	英德财团与清廷在北京签订《天津浦口铁路借款合同》
1911 年	津浦铁路筑成,浦口火车站开始建造
1913 年 1 月 1 日	津浦铁路全线通车
1913 年	南京下关至浦口轮渡开通
1914 年	浦口火车站大楼及附属建筑竣工,交付使用
1919 年	孙中山先生在《实业计划》里,把这里列入建设重点
1929 年 5 月 28 日	装运孙中山先生灵柩的火车通过津浦铁路从北平运抵浦口火车站,在这里稍作停靠后通过浦口码头过江,最后安葬于中山陵
1929 年 12 月	石友三盘踞浦口,大肆毁坏浦口站设施,掳走车辆机车
1937 年 12 月	日军两次对浦口狂轰滥炸,站场设施化为废墟,站屋大楼多处中弹,但钢筋水泥骨架仍矗立未倒
1949 年 4 月 25 日	邓小平和陈毅由合肥到达浦口火车站,当夜过江,驱车进驻总统府,迎来南京解放的曙光
1961 年 12 月	浦口火车站大楼进行维修。拆除原有不用之烟囱,加固大梁 54 根

时间	事件
1968 年 10 月 1 日	南京长江大桥正式通车,浦口火车站的客运暂时停止,仅仅承担货运
1970 年 11 月 27 日	浦口火车站大楼发生重大火灾
1972 年	浦口火车站大楼进行维修,改为钢筋混凝土楼面
1985 年 4 月 1 日	为减轻大桥的负担,浦口车站中断了 16 年之久的客运再次恢复
1997 年 11 月 15 日	经铁道部批准,南京浦口火车站更名为南京北站
1998 年	随着大桥交通能力的扩容,浦口站只剩下了一对往返蚌埠的慢车
2004 年 8 月	按照上海铁路局的统一规划调整,最后的一趟慢车也停运了

浦口火车站经历了百年风雨,中国近代、现代史中,很多重大事件与其有关,很多历史人物曾在这驻足。鲁迅从这里走过,陈独秀也从这里走过。孙中山则对浦口火车站寄予厚望,1919 年,他在《建设》杂志上发表的《实业计划》一文中写道:"南京对岸浦口,将来为大计划中长江以北一切铁路之大终点……且彼横贯大陆直达海滨之干线,不论其以上海为终点,抑以我计划港为终点,总须经浦口。"孙中山设想在南京与浦口之间筑一穿越长江的隧道,铺以铁路,使南北相通。然而,没有等到他着手实施这一计划,1929 年 5 月 28 日,浦口火车站却迎来了他的灵柩。孙中山先生的灵柩通过津浦铁路从北京运抵南京,在这里稍作停靠后通过浦口码头运过江,最后安葬于中山陵。石球下方的汉白玉基座上烫金雕刻着孙中山先生的遗书以及三民主义的部分内容。

历史总是饶有趣味的,但历史演化研究如果仅停留在历史格局的形态发掘层次是远远不够的。研究城市发展历程将为后面的规划研究提供历史支撑,如此,历史的追溯才有现实的意义,进而对浦口火车站历史风貌区的保护规划研究也多了一种历史的透视角度。

3.1.3 历史意义

"近代"对于中国社会历史和文化的发展而言是一个非常重要的转型时期,这一承上启下阶段最显著的特征是西方的影响全面渗透至政治、经济、思想、文化、生活等各个领域,导致社会整体发展偏向西化。在近代历史背景下的近代建筑也表现出以西方建筑文化为主题的发展方向。浦口火车站历史风貌区是近代南京中西方文化交流、碰撞、融合的重要地段之一,是近代城市历史文化变迁活的见证。

浦口火车站历史悠久,拥有许多历史的沉淀和记忆。浦口火车站作为南来北往乘客的重要交通枢纽,可称得上政治、经济、文化的中转站。浦口火车站及周边地区在南京乃至全国的近代历史上有着重要的地位,它记录了中国铁路发展的历程,也反映了特定历史阶段的城市风貌,是一个典型的具有代表历史转折特征的城市区域。

3.2 现状概况

3.2.1 区域位置

浦口火车站历史风貌区与主城隔江相望。其东面为长江天堑,西部为南京老工业基地——浦镇地区,东北部坐拥南京长江大桥,东南部与阅江楼景区一江之隔,周边自然条件和人文资源优越(图3-5)。

3.2.2 用地构成

浦口火车站历史风貌区北至大马路,南至站墙里,西至老站月台,东至江边,总用地 20 公顷。受铁路、港务公司等大单位占地等因素影响,浦口火车站历史风貌区的整体空间被分割得较为零散,造成用地功能混杂。现状用地以生活居住和对外交通为主,基础设施相对落后,居住环境有待改善。部分铁路设施废弃后对风貌、环境、交通都产生了不利的影响(图 3-6、图 3-7)。

图 3-5　区位图

图 3-6　现状航拍图

图 3-7　土地利用现状图

风貌区内的居住用地占建设用地的 9.44%,商业用地占建设用地的 10.32%,对外交通用地占建设用地的 67.38%,道路广场用地占建设用地的 10.06%,市政公共设施用地占建设用地的 2.75%(表 3-2)。

表 3-2 现状用地汇总表

序号	用地代码		用地名称	用地面积（hm²）	占建设用地比例（%）
	大类	中（小）类			
1	R		居住用地	1.82	9.44
		R3	三类居住用地	0.88	4.56
		R4	四类居住用地	0.94	4.88
2	C		公共设施用地	1.99	10.32
		C2	商业金融用地	1.99	10.32
3	T		对外交通用地	12.99	67.38
		T1	铁路用地	7.76	40.25
		T4	港口用地	5.23	27.13
4	S		道路广场用地	1.94	10.06
		S1	道路用地	1.21	6.28
		S2	广场用地	0.73	3.78
5	U		市政公共设施用地	0.53	2.75
		U2	交通设施用地	0.24	1.24
		U3	邮电用地	0.03	0.16
		U9	其他市政设施用地	0.26	1.35
6	W		仓储用地	0.01	0.05
		W1	普通仓储用地	0.01	0.05
			城市建设用地	19.28	100
7	E		非城市建设用地	0.72	—
		E1	水域	0.72	—
合计			总用地	20.00	—

其中,居住用地主要位于铁路线两侧,以三、四类居住用地为主。风貌区内住宅建筑年代久远,大部分为铁路职工居住,人口老龄化现象严重。居住社区普遍缺乏较完善的生活配套设施。沿大马路两侧分布少量服务业用地,但目前闲置较多。风貌区内还零星分布一些行政办公用地,基本没有文化娱乐用地。后建的公共设施建筑形式和风格多样,与历史建筑不统一,对整体传统风貌塑造造成不利影响。

仓储用地主要为浦口火车站集装箱货场,分布于长江沿岸和铁路沿线,主要用于普通货品的联运和煤等基础物资的露天堆放,建筑质量和周围环境较差。港口用地主要为南京港务二公司用地(图3-8),港务二公司是长江中下游地区从事散货、零件杂货、集装箱装卸的专业码头公司,进行货物的水陆联运,水陆、陆水中转。

由于该风貌区周边为原浦口区政府所在地,市政公用设施用地种类较齐全,只是近年来因为新浦口中心转移的缘故而规模、职能在逐渐下降。浦口火车站站前新建广场用地(图3-9),位于浦口火车站南面,以停灵台为中心。

图 3-8　港务二公司　　　　　图 3-9　站前广场

3.2.3　存在的问题

浦口火车站的候车厅、售票处、电厂闲置,月台现用作货物装卸场地,管理维护情况较松散。周边原先熙熙攘攘的商业街区由于客运的停运已处于荒废闲置的状态,只有少数作为社区服务的网点存在。火车站地区历史价值没有得到足够的重视,面临着货运职能萎缩、发展前景不明的状况。浦口火车站历史建筑群反映了南京特定历史时期的城市风貌。这些历史建筑现状质量尚可,但未进行良好的维护,周边环境也亟须整治。

(1)地区的去功能化

享有百年历史的浦口火车站经历了它的辉煌和衰落。津浦铁路的开通曾给浦口火车站地区带来繁荣景象,但随着技术的发展,高速铁路通车,浦口火车站关闭了客运功能。对于一个以火车站为中心的地区来说,受城市交通格局变迁影响而发生的区域退化现象是不可避免的(图3-10)。而且其环境质量和吸引力的不断下降,也不利于吸引、鼓励与该地区历史文化传统相协调的、有远见的开发项目。现有的改造也往往等同于城市一般旧区的常规性开发,不仅使传统的城市风貌受到不可挽回的影响,也为日后的改造带来矛盾和冲突,反过来又影响开发项目的自身利益。

图3-10 停运的客运火车

图3-11 生活环境较差

(2)建筑质量和生活环境较差

历史的辉煌难掩如今的衰落。由于产权归属分散复杂,房主无能力或不愿对房屋进行整修,大部分建筑面临或置之不理、任其衰败,或大肆改造、面目全非的境遇。由于人为原因,现状大部分院落都被违章建筑所侵占,乱搭乱建现象严重。被列为省级文保单位的建筑没有得到应有的重视,未列为文保单位的历史建筑也无人问津,均缺乏合理的保护。此外,由于城市的发展,风貌区周围建筑的使用功能、人口密度等都发生了变化,导致该街区原来的居住功能、基础设施已不能满足新的要求,最终导致功能上的衰退,成为浦口老镇地区的灰暗角落,缺乏活力和生机(图3-11)。

3.3 历史资源分析

3.3.1 历史资源分布

浦口火车站风貌区内现有省级文物保护单位1处(浦口火车站历史建筑群),历史建筑4处。其中,浦口火车站历史建筑群为省级文物保护单位,包括:火车站主体大楼、浦口火车站月台和雨廊、中山停灵台、贵宾楼、售票处、浦口电厂。历史建筑包括津浦铁路局高级职工住宅楼、浦口邮局、兵营和慰安所(表3-3、表3-4、图3-12、图3-13)。

表3-3 物质文化遗存构成要素表

省级文保单位	浦口火车站主体大楼、中山停灵台、贵宾楼、售票处、月台和雨廊、浦口电厂旧址
历史建筑	津浦铁路局高级职工住宅楼、兴浦路邮政支局、兵营旧址、慰安所旧址
树木	分布在火车站月台和大马路、沿江路上的法国梧桐

表 3-4　文保单位及历史建筑统计表

现在名称	原有名称	地址	建造年代（年）	等级	结构	建筑现状用途	产权单位
南京北站主体大楼	浦口火车站主体大楼	泰山街道津浦路30号	1914	省级文物保护单位	砖木	办公	上海铁路局
南京北站月台和雨廊	浦口火车站月台和雨廊	泰山街道津浦路30号	1914	省级文物保护单位	钢筋混凝土	货物堆场	上海铁路局
中山停灵台	中山停灵台	泰山街道津浦路30号	1929	省级文物保护单位	砖石	雕塑	上海铁路局
南京北站派出所	浦口火车站车务段大楼	泰山街道津浦路30号	1914	省级文物保护单位	砖木	办公	上海铁路局
南京北站售票处	浦口火车站电报房	泰山街道津浦路30号	1914	省级文物保护单位	砖木	居住	上海铁路局
浦口电厂	浦口电厂旧址	泰山街道津浦路30号	1920	省级文物保护单位	砖木	闲置	上海铁路局
红房子	津浦铁路局高级职工住宅楼	泰山街道津浦路30号	1914	历史建筑	砖木	居住	上海铁路局

现在名称	原有名称	地址	建造年代（年）	等级	结构	建筑现状用途	产权单位
兴浦路邮政支局	浦口邮局	兴浦路5号	1920	历史建筑	砖木	邮局	浦口区邮政局
不详	兵营旧址	兴浦路4号	1930	历史建筑	砖木	居住	上海铁路局
民居	慰安所旧址	明远里34号	1930	历史建筑	砖木	居住	私有

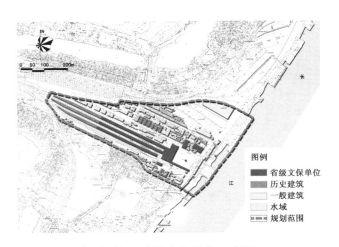

图 3-12 建筑文化遗存分布图

浦口火车站主体大楼	浦口火车站月台和雨廊	中山停灵台
浦口火车站售票处	浦口火车站贵宾楼	浦口电厂旧址
津浦铁路局高级职工住宅楼	浦口邮局	兵营旧址
慰安所旧址	梧桐树	大马路

图 3-13　重要保护对象现状照片整理

3.3.2　历史建筑概况

（1）主体大楼：据铁路史料记载,英式风格建筑,坐北朝南,上下三层有大小 62 个房间,屋顶有脊,全部用瓦楞铁覆盖,大楼内部都是木质结构,底层西首外接拱形长廊,直达浦口轮渡码头。主体大楼因经历过重大火灾,维修后为钢筋混凝土楼面,现进行内部改造后用作浦口火车站办公用房。现状质量尚可,除一楼候客大厅及所有门窗等部位不同时期进行过改建,基本保留了原有的建筑风貌。

(2)月台和雨廊:雨廊分为两段:一段是月台上的单柱伞形雨廊,在中国铁路建筑史上极为少见;另一段是候车大厅西首通向码头的拱形雨廊,以前一直横穿过马路直通码头,旅客从火车上下来,一路无需打伞。月台和雨廊保留原有的风貌特征,质量较好,拱形雨廊已经经过整修,面貌焕然一新,伞形雨廊因尚未整修,成色略显旧,但有历史感。

(3)中山停灵台:停灵台位处火车站广场花园正中央。停灵台台基占地 227 平方米,由台阶、基座、球体三部分组成,采用石材、混凝土结构,有五层台阶,呈五边形,高 3.6 米。1929 年,孙中山先生的灵柩通过津浦铁路从北京运抵南京,正是在这里稍作停靠后,通过浦口码头运过江,最后安葬于中山陵的。"文革"期间,石球下方的汉白玉基座被砸毁。老人们回忆,被毁的汉白玉基座上烫金雕刻着孙中山先生的遗书及三民主义的部分内容。

(4)车务段大楼:位于主体大楼的西侧,红顶黛墙,极为精致。最早是火车站的车务段大楼,后曾改为贵宾室,目前是派出所的办公地点。建筑质量较好,没有明显的损坏,门窗等部位不同时期进行过改建。建筑基本保留原有的风貌特征,有明显的民国建筑特色。

(5)售票处:位于主体大楼的东南,一样的黄色楼体红色屋顶。曾经做过电报房,1984 年恢复通车后将其又改为售票处。现状质量一般,建筑外部破损较为严重,一楼作杂物储存之用,二楼被居民加以改造居住。因保护措施尚未到位,使得私自改造较大,原有建筑风貌所存无几,与周边建筑风格有所冲突。

(6)浦口电厂:英式建筑,坐北朝南,砖木结构,民国时期建造。建筑形式基本保留原状,建筑质量尚可,保存较为完整。建筑本身富有时代特色,对研究南京电力工业的发展有一定的历史价值。

（7）津浦铁路高级职工住宅楼：位于主体大楼以北，新马路以南，俗称"红房子"。建筑为英式二层砖楼，建国前是铁路高级职工居住处，现在作为普通铁路职工居住处。目前该楼群居住密度较高，有一定改建加建的情况。建筑质量一般，外部及内部局部有破损，建筑风貌所存无几。内部设施不够完善，不能满足现状使用要求。

（8）浦口邮局：两层建筑，坐北朝南，砖木结构。建筑质量尚可，保存较为完整，现仍作为邮政支局使用。经过改建，原有风貌基本消失。

（9）兵营旧址：单层建筑，平面呈 U 型分布，砖木结构。该建筑建于抗日战争时期，是当时兵营所在地，曾用作卫生所，反映了中国抗日战争时期发展变化的历程，有一定的历史价值。

（10）慰安所旧址：两层建筑，砖木结构。经过改建，原有风貌基本消失，现为民居。该建筑建于抗日战争时期，是当时慰安所所在地，反映了中国抗日战争时期屈辱的历史，有一定的历史价值和教育意义。

3.3.3　人文资源概况

浦口火车站历史风貌区的人文资源相当丰富，应该充分挖掘并保留下来，将其展示在世人面前，让更多人了解浦口火车站的历史，主要包括以下三个方面：

（1）许多历史人物在这里驻足，许多重大的历史事件在这里发生。主要有：

1918 年冬，朱自清去北京上学，在浦口火车站与父亲话别，写下了散文名篇《背影》。

1919 年春，毛泽东送湖南留法学生去上海，在浦口火车站丢失了一双布鞋，陷入困顿，幸遇老乡，解了燃眉之急。

1919 年，孙中山在《实业计划》里把这里列入重点。

1927 年，郭沫若在浦口火车站中转渡江，到南昌去寻找革命同志。

1929 年 5 月,孙中山的灵柩由北京运抵浦口火车站,然后过江至中山陵。

1949 年 4 月 25 日,邓小平和陈毅由合肥到达浦口火车站,当夜过江驱车进驻总统府,迎来南京解放的曙光。

(2)大马路商业街有许多老字号,这些老字号记载了浦口火车站历史风貌区的繁荣兴盛,主要包括:日新浴室、李德盛、卞祝如、赵春记、余春庭、杨建遂、李钦佩、前货捐局、王寅来、顾德络、杨如陵、龚泉石、报兴公司、张秉兴、陈印钦(图 3-14)。

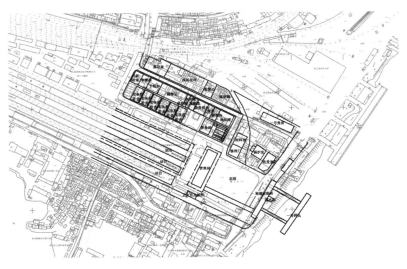

图 3-14 浦口火车站地区 1930 年代平面图

(3)在城市发展过程中留下许多具有地方特色的街巷名称。主要有:码头街、津浦路、兴浦路和大马路。

3.4 本章小结

浦口火车站历史风貌区的形成是一个历史过程,也是一个发展的过程。经历了从兴盛到衰落过程的浦口火车站正面临着如何复兴以再现辉煌的问题。

　　浦口火车站历史风貌区的历史空间环境及历史建筑群反映了当时的时代特征及生活形态,同时客观上又受到社会文化背景和经济技术发展水平的制约。它不仅是城市物质形态生成过程的产物,更是浦口火车站历史风貌区所特有的"城市文化精神"。而这种特有的城市文化精神,是浦口火车站历史风貌区赖以进一步生存和发展的生命之源。本章通过对浦口火车站历史风貌区的现状分析,简要概括保护规划中存在的问题,为保护规划的研究和问题的解决理清思路。

4 空间格局的整体保护与改造

南京的历史风貌区经过长时间的变迁,其空间结构形态往往呈现出复杂的现状特征。在认识城市历史风貌区发展和剖析城市空间结构形态基本构成的基础上,进一步研究历史风貌区空间结构更新的案例,对于深入认识历史风貌区更新体系的建构是至关重要的。

4.1 保护规划的理念

从城市发展需求和保护与发展的关系出发,历史风貌区的保护应站在城市的高度或者更大的区域范围来进行。浦口火车站历史风貌区的规划思路是以保护为主,在保护中求发展,以发展来实现更好的保护。在历史风貌区保护规划中,应先对保护区域内的历史文化资源进行调查整理,在深入研究的基础上确定保护范围内必须保留的、可以改造的和可以拆除的内容等等,合理的划定核心保护范围和风貌保护范围,做到有重点、有特色的保护,然后再制定具体的保护措施,编制切实可行的保护规划。在尊重和传承历史文脉的基础上对历史风貌区进行更新,突出城市的历史文化环境,使之可以体现出深厚的文化气息,保持历史文化名城应有的特色风貌。

4.2 修订完善保护范围

4.2.1 相关规划的解读

(1)南京市城市总体规划修编(2007—2020)

南京市总体规划的发展目标是经济发展更具活力、文化特色更加鲜明、人居环境更为优美、社会更加和谐安定的现代化国际性人文绿都。到 2030 年基本实现现代化,跻身世界发达城市行列(图 4-1)。

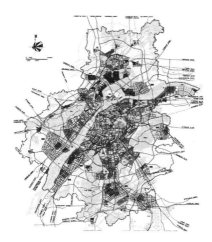

图 4-1　2020 年土地利用规划图

《规划》在市域内构建"两带一轴"的城镇空间布局结构。"两带"是拥江发展的江南城镇发展带和江北城镇发展带,"一轴"是沿宁连、宁高综合交通走廊形成的南北向城镇发展轴。在"两带一轴"城镇空间布局结构基础上,形成"中心城—新城—新市镇"的市域城镇等级体系。其中,中心城由主城和东山、仙林、江北副城组成。

《规划》在都市区内形成"一带五轴"的城镇空间布局结构。"一带"为江北沿江组团式城镇发展带,主要由江北副城、桥林新城和预留的龙袍新城构成。

南京老城南的改造此前引起广泛关注,对于是定位历史街区还是历史风貌区各方有不少争论。在这一轮规划中,对此做出了明确界定。历史文化街区必须是"遗存较为丰富,能够比较完整、真实地反映一定历史时期传统风貌或民族、地方特色,历史建筑占地比例宜在 60% 以上,规模在 1 公顷以上的历史街区",包括:颐和路公馆区、夫子庙传统文化商区、金陵机器制造局历史建筑群等 9 片。

历史风貌保护区要符合"历史建筑集中成片,建筑样式、空间格局和街区景观较完整,能够体现南京某一历史时期地域文化特点的地区",分别为:天目路公馆区、慧园里住宅区、浦口火车站历史建筑群、浦镇机厂历史建筑群等 22 片。

浦口火车站历史风貌区正位于规划的江北副城,该地区的功能定位应以上位规划及相关发展政策为依托,重点加强保护与整治,全面打造具有南京特色的历史风貌区。

(2)南京市浦口区城乡总体规划(2010—2030)

随着浦口新城的建设,为更好地把握跨江发展的良好机遇,进一步推进南京城市总体规划的深化落实,促进城市规划与浦口区发展要求的结合,市规划局与浦口区政府共同组织编制了《南京市浦口区城乡总体规划(2010—2030)》,旨在明确浦口区的发展目标、功能定位、发展规模、空间布局、重大设施安排和近期建设重点,以此作为指导浦口区城乡发展的基本依据(图 4-2)。

《规划》将浦口区定位为南京都市圈辐射中西部的现代服务业中心和江北副城中心,长三角地区高新技术产业、先进制造业基地和休闲旅游度假胜地,以"山水泉林"为特色的现代化滨江之城。

历史文化保护也是浦口区发展的重点。规划采取双城格局、整体保护,即保护江浦老城和浦子口城。浦口区内现有历史风貌区 4 片,分别是龙虎巷传统住宅区,左所大街传统住宅区,浦口火车站历史建筑群,浦镇机厂历史建筑群;一般历史地段 2 片,分别是浴堂街和江浦西门。同时,规划还确定桥林、汤泉古镇为一般古镇。

浦口区内拥有全国各级文物保护单位 115 处,其中省级 4 处,市级 21 处,区级 90 处;重要文物古迹 77 处,包括历史建筑 52 处,古墓葬、古遗址 25 处;一般文物古迹 128 处以及"项羽传说"、"民间舞蹈手狮"、"汤泉禅院"、"金陵四老"、"泰山庙会"、"狮子岭庙会"等非物质文化遗产(图 4-3)。

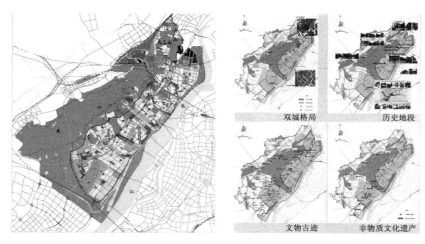

图 4-2　江北副城浦口片区规划图　图 4-3　浦口区历史文化保护内容

浦口火车站历史风貌区有着较丰富的文化遗产,并具有较好的利用更新条件,其资源优势和城市地位正日益凸显。而历史风貌区的保护规划通过用地调整、环境整治、功能置换等一系列手段,使浦口火车站历史风貌区特有的历史文化继续延续下来,它对于地区与城市可持续发展的重要性和必要性不言而喻。

(3)南京市浦口老镇地区控制性详细规划

《南京市浦口老镇地区控制性详细规划》对老镇地区的用地性质、高度分区、控制方向以及浦口火车站的城市设计意向等都有明确要求,因而此《控规》对本项目的开发建设起到了积极的指导作用。控规中指出:老镇地区应当通过对城市旧片区的改造,形成完善的社区和基础服务设施结构,逐步改变城市面貌。规划将功能定位为:设施配套完善、居住环境品质优良的滨江城区(图4-4)。

《控规》在规划结构中将浦口火车站历史风貌区划为特定意图区。该片区包括以南京铁路北站为中心的铁路设施和用房、浦

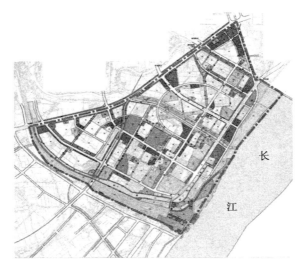

长

江

图 4-4　浦口老镇土地利用规划图

口码头周边的滨江地带、大马路两侧的传统街区、港务二公司和北站货场部分的工业遗址区等,它们综合体现了老浦口的传统历史风貌。在景观结构上也规划了历史人文景观带,即沿津浦铁路由浦珠路至浦口码头,包含铁路站房、线路、设施以及两侧的历史建筑、水体景观等,体现了浦口老镇地区特有的交通历史文化。

（4）《浦口火车站地区保护与更新规划》

浦口火车站地区通过广场东侧的轮渡码头与长江对岸的中山码头水路相接,车站大楼底西侧外接拱形长廊,直达浦口轮渡码头。

该地区的保护规划范围位于下坝塘以南,浦口水厂南侧规划道路以北,西至浦口机务段,东至长江,总面积约 107.2 hm^2。

《规划》保护火车站地区近代文化遗产,发掘其历史和文化内涵,兼顾旅游开发和地区更新发展,为进一步的规划整治提供技术法规依据和操作平台。实现近代历史风貌的整体营建,从物质历史空间环境和生活环境两方面着手推动旧区复兴,并进一步深入研究交通、空间、景观等问题,力求解决好现有的矛盾,扫清发展中的障碍,使浦口火车站地区的历史文脉得到完整的延续。

本次保护内容以有形的物质文化遗产为主,以无形的非物质文化遗产为辅。其中,保护要素由自然环境要素、人工环境要素和人文环境要素构成。浦口火车站地区保护与更新规划以保护为前提,以铁路设施为载体,以近代建筑为骨架,以历史文化为灵魂,以传统风貌的恢复与空间景观的形成为表现。

《规划》根据浦口火车站地区的功能定位,将该地区主要分为以下功能区:以省文保单位浦口火车站主体建筑群为核心展示铁路历史文化的核心保护区;以铁路设施为基础并赋予铁路实训基地、影视基地、休闲娱乐等内容的铁路文化区;以沿江港口货场等用地改造利用的滨江景观区;以滨江优美环境适宜居住的生态居住区;以为文化展示服务的娱乐、休闲、商业、市政等综合服务片区(图4-5)。

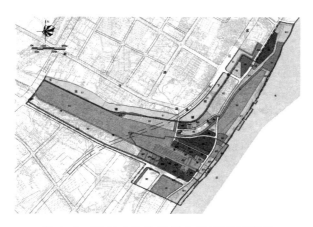

图4-5 浦口火车站地区土地利用规划图

4.2.2 保护范围的完善

经过近百年的演变,浦口火车站历史风貌区已经依托着铁路职能逐步成为综合性的城区,对历史文化的保护应当处理好其与城市发展的关系。因而,在规划之初就对浦口火车站历史风貌区进行了全面的空间界定,结合其历史传统风貌特色和文保建筑、历史建筑分布的情况,明确了"核心保护范围"和"风貌保护范围"两个层次(图4-6),并提出了相应的保护和利用思路。

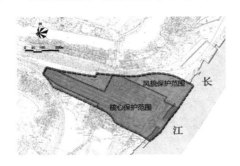

图4-6 浦口火车站历史风貌区保护层次

（1）核心保护范围

根据《南京历史文化名城保护规划》划定出的浦口火车站历史风貌区规划范围,结合该地区省级文物保护单位的分布情况及现状道路等实际情况,《规划》"核心保护范围"西至月台、东至江边、南至兴浦路、北至大马路,用地面积约13公顷。范围内包括浦口火车站历史建筑群、铁轨、码头等。

核心保护范围将浦口火车站历史风貌区历史文化的精华基本包含于其内。范围内的历史遗迹需进行严格的保护,处于文物保护单位和历史建筑保护范围的还需同时征得文物行政主管部门的同意,建设活动应以修缮、维修和改善为主,其建设内容应服从对文物古迹的保护要求,禁止随意拆建、新建。

（2）风貌保护范围

风貌保护范围即核心保护范围的"背景地区",划定包含重点保护对象区域之外的用地。该范围内,各项建设活动需在规划行政主管部门严格审批下进行,严格控制建筑物高度和体量,保持原有道路格局,一般情况下不得自由拆建;考虑到绿地、植被、景观和水系与环境的协调性,采取整治和改造的保护方式,以优化自然环境和城市风貌为主,取得与保护对象间合理的空间景观过渡。

4.2.3 重要保护对象的确定

要实现历史风貌区的保护与利用,就必须尊重传统的历史文化内涵,保护好风貌区内富有历史意义的要素,并对这些要素进行深入的研究和探讨,展现历史风貌区的特色。因此,对重要保护对象的确定就成为历史风貌区保护的前提和要求。

浦口火车站历史风貌区的特色不仅体现在历史建筑上,还体现在路网空间格局、道路尺度、街道景观和历史环境要素,如绿化、院落、墙面、铺地等,以及其他重要的历史场所、社会生活和社会结构等方面。这些风貌特色的载体也就是需要保护的风貌要素,在《规划》中将其归纳为五大项(表4-1):

(1)空间格局与环境风貌——主要指能体现风貌区历史文化特色的功能布局、街巷格局、空间尺度和街巷界面,以及保留的传统建筑肌理与环境特征。

(2)文物保护单位——主要指南京市公布的各级文物保护的单位。

(3)历史建筑——主要指南京市公布的需要进行法定保护的重要近现代建筑。

(4)古树名木——主要指民国时期栽种的树木,重要树木一般以原址保护为主要原则。

(5)历史街巷——主要指现存并保持历史走向、宽度和界面的街巷。这些街巷的风貌是街区的重要外观,直接体现街区的整体风貌特点。

表 4-1　重要保护对象一览表

保护对象	保护内容
空间格局与环境风貌	民国建筑群与绿化交相辉映的环境风貌
文物保护单位	浦口火车站主体大楼
	浦口火车站月台和雨廊
	中山停灵台
	浦口火车站售票处
	浦口火车站贵宾楼
	浦口电厂旧址
历史建筑	兵营旧址
	津浦铁路局高级职工住宅楼
	浦口邮局
	慰安所旧址
古树名木	梧桐树
历史街巷	津浦路、大马路

4.3　格局的延续

4.3.1　城市肌理的演变

在城市空间特征的各种形式中,城市肌理对于城市风貌的价值而言是关键性的。这种关键性体现在它与城市空间的特征具有非常紧密的关系,不同的城市肌理给人的空间体验是不同的,所表现出的城市空间特征也是不一样的。

在我国城市的历史街区中,城市肌理对城市建筑有着极大的控制力,它是建筑与空地之间的关系,是一个城市多年历史积累和演变的结果,它的完整性和独特性是判别城市历史风貌特征的重要依据。

浦口火车站风貌区的空间肌理较为均质,建筑为坡屋顶的建筑风格,这些由低层建筑组合而成的界面基本连续,形成统一、多样的景观风貌(图 4-7～图 4-9)。自 20 世纪初建设至今,风貌区内部除少量 4～7 层的现代住宅楼外,整个风貌区内建筑肌理变化较小,但风貌区周边区域肌理变化较大,多为 6～7 层现代住宅,对风貌区整体风貌稍有影响。

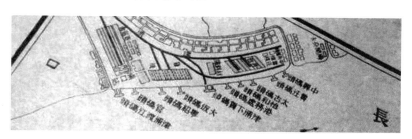

图 4-7　民国时期浦口火车站地区地图

图 4-8　1930 年浦口火车站历史风貌区肌理

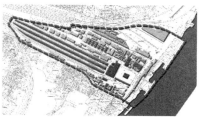

图 4-9　浦口火车站历史风貌区现状肌理

4.3.2　用地布局的调整

分析浦口火车站历史风貌区的现状和上位规划的要求,浦口老镇地区的商业、办公、教育、科研等设施都能满足需求,但文化用地严重不足,特别是缺乏大型的集展览、休闲、教育功能于一体的综合性文化设施。因而综合各方面因素考虑,基本上确定了以文化为主线进行保护利用的规划方式。

目前,浦口火车站历史风貌区拥有最完整的水陆交通系统,且随着历史的变迁演变成具有独特风貌的历史地段。因此,浦口火车站历史风貌区保护规划尽可能在尊重现状的基础上,注入新的功能。在用地布局上,除了维持文物保护单位和历史建筑的原有功能,还需要置换新的功能。

《规划》延续浦口火车站历史风貌区历史演变的精髓,将其塑造成为"和谐共建、多元包容、面向南京、辐射全国"的新历史风貌区。结合地区历史文化特色,将其功能发展定位为:以浦口火车站为核心,展示近现代交通(铁路与水运)发展背景下形成的城市空间结构特征,形成富有活力的、具有综合功能的文化特色风貌区。

为了切实保护好浦口火车站历史风貌区的风貌,改变风貌区建筑质量日趋恶化、居住群体向弱势化发展的趋势,为风貌区注入可持续发展的活力,浦口火车站历史风貌区的用地布局必须进行适当调整,调整的目标为:通过布局的调整促进对风貌区整体空间格局与肌理、民国建筑形式与风貌的有效保护、土地的集约利用;在浦口火车站历史风貌区内适度引入新的功能,体现土地的价值、功能的有机混合;通过功能的有机整合,提升风貌区的生活质量和内在活力(图4-10、图4-11)。

《规划》在保护浦口火车站、延续历史文脉的同时,结合更新该地区整体构思,对区内各类用地进行科学合理的调整,从而为浦口火车站的保护与更新提供土地实体保证。

(1)公共服务设施用地

历史风貌区一般具有一定的商业基础,并且大都为当地的居民所认可,有的还成为城市最具活力的商业中心,特别是历史上形成的商业街,不少新建大型商贸区都无法与之抗衡。

随着南京城市发展战略的提出,浦口火车站历史风貌区周边地区社会经济发展突飞猛进,尤其是房地产的快速开发建设使得

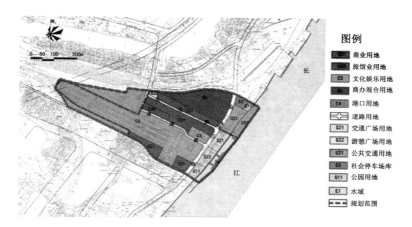

图例

- **B21** 商业用地
- **B25** 旅馆业用地
- **C3** 文化娱乐用地
- **Bb** 商办混合用地
- **T4** 港口用地
- 道路用地
- **S21** 交通广场用地
- **S22** 游憩广场用地
- **U21** 公共交通用地
- **S3** 社会停车场库
- **G11** 公园用地
- **E1** 水域
- 规划范围

图 4-10 土地利用规划图

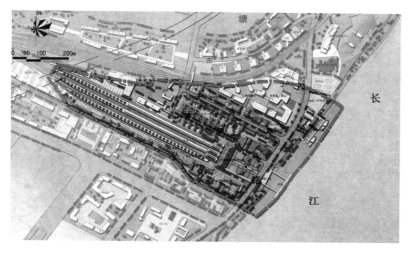

图 4-11 意向性规划总平面图

该地区与南京主城的联系越来越密切。因此,为了促进整个区域的发展建设,《浦口火车站历史风貌区保护规划》沿大马路、津浦路两侧为商业金融用地,主要为小型的商业服务设施。两条路包含的区域,规划以火车站广场为核心,建设集商业、文化、娱乐等综合功能的公共服务设施,其中建筑的改造必须严格遵循整体风貌控制要求,并根据地区发展的需要,对经营布局进行一定调整。

(2)绿化用地

良好的生态环境是人们赖以生存和发展的基础。近几年,浦口火车站历史风貌区及周边地区进入快速发展阶段,人们对改善生活环境,尤其是改善该地区绿化景观建设的需求更加迫切。

因此,在浦口火车站历史风貌区保护规划中强调绿地系统对生态环境及人们交往活动的积极影响,结合现状以铁路设施为基础建设主题公园,综合利用历史资源。风貌区内沿江的港务二公司用地考虑远期搬迁,形成沿江开敞绿地,营造公共活动空间。

(3)市政设施用地

积极改善城市基础设施,提高居民的生活质量。完善基础设施是浦口火车站历史风貌区保护改造中的一项重要内容。这个问题不解决,不但影响保护的积极性,而且势必导致历史风貌区的窒息和进一步损坏。解决好这个问题则既能调动历史风貌区居民的积极性,也是保护环境的重要措施。

《规划》保留部分现有的市政设施用地,在浦口码头东侧和兴浦路北侧规划建设游船码头和旅游大巴停车场,并完善其他辅助市政设施,为未来浦口火车站地区公共交通的发展预留空间。

4.3.3 空间格局的塑造

空间格局是城市整体风貌格局的灵魂,是城市传统风貌的关键与核心。空间格局的保护是其他保护工作的框架,是历史建筑保护、历史环境要素保护等都需要的一个平台。空间格局保护的重点在于对风貌区内整体格局、高度、历史街巷等进行控制(图4-12)。

《浦口火车站历史风貌区保护规划》为保护其绿化与民国建筑交相辉映的环境风貌,形成"三轴、四片区"的空间格局。其中,"三轴"为由大马路、沿江路和兴浦路组成的交通轴。这三条轴线

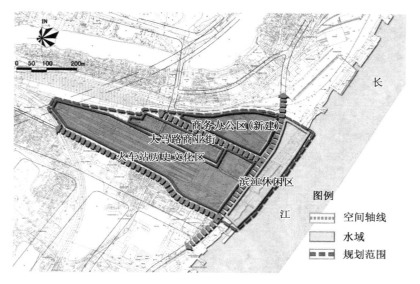

图 4-12 空间格局保护规划图

保留了现状道路的走向,维持了传统街巷的尺度,同时也加强了风貌区与周边地区的联系。

"四片区"分别是火车站历史文化区、大马路商业区、商务办公区和滨江休闲区。① 历史文化区:位于整个风貌区的核心,浦口火车站主体建筑位于这个片区的中心,现有建筑保存较为完整。《规划》通过保护主体建筑,更新其功能,突出铁路文化,形成富有文化内涵的空间景观。② 商业区:由于现有建筑质量较差,考虑拆除后按原风貌重建,结合原铁路高级职工住宅楼改建为商业街,把原有的商业特色强化,使之具有更高的吸引力。③ 办公区:该片区为新建区,由于地块内部的建筑质量较差,历史价值不高,规划予以拆除并进行适度的开发重建,延续风貌区的空间特征和历史元素,完善地区的文化氛围。④ 滨江休闲区:包括码头及滨江岸线,是一条极具活力的沿江休闲景观带。《规划》一方面继续保留码头的客运功能,拓展开敞空间,以符合地区结构调整的需求。另一方面,增加亲水平台、休闲广场及游艇码头等休闲娱乐设施,与对岸的下关沿江面形成呼应。

4.3.4 高度控制

历史风貌区的建筑高度与尺度的整体协调也是保护的重点之一。从历史看,沿街建筑的高度有不断增高的趋势,新的高大建筑不仅破坏或取代了风貌区空间中历史建筑的统领作用,还破坏了原有街道空间的尺度和比例。因此,在风貌区内,控制建筑高度是协调历史风貌区建筑风貌的重要手段,《规划》严格保护文物保护单位和历史建筑的现有高度,不得变更;控制沿街建筑高度以保护风貌区的沿街轮廓线,并保证道路与历史建筑之间的视线联系,凸显风貌特色(图 4-13)。浦口火车站风貌区整体限高12 米,大马路东侧限高 24 米。

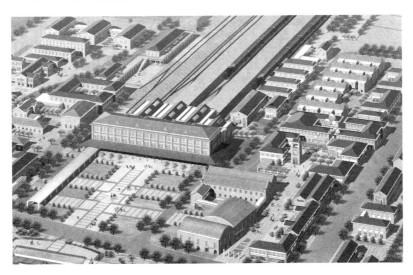

图 4-13 浦口火车站历史风貌区鸟瞰图

4.3.5 传统街巷的保护

传统街巷是指传统风貌保存完整、内涵丰富、特色明显和对城市传统风貌特征起着重要作用的街巷[①]。传统街巷是历史风貌区空间格局的重要组成部分,对风貌区的空间布局也有着很深的影响。这些传统街巷的格局常常具有该地段乃至整个城市的个性。如浦口火车站历史风貌区内的大马路和津浦路等,这些街巷兴建于 20 世纪初,随着城市的发展,部分街巷进行了拓宽,部分街巷保持了原有的尺度,走向均未改变。

(1)街巷关系

《规划》要延续和保护浦口火车站历史风貌区整体的街巷空间关系,以大马路和津浦路为主要街巷,同时保留街巷交接处的场地空间和细部设计,继承历史文脉。对于外围现状与历史上走向一致的街巷予以保留,外部的街巷和道路建设要进行有效引导,规划上应预留街巷和通道位置。

(2)街巷尺度

应严格保护历史风貌区内传统街巷的空间尺度,保持大马路、津浦路的现状道路尺度,不得拓宽。《规划》必须控制好风貌区内沿街巷两侧的建筑高度、形式、色彩等,恢复历史街巷的空间特点,通过增加绿化等措施,缓解传统空间尺度与现代空间尺度的矛盾。

(3)街巷界面

应严格控制和引导历史风貌区的街巷界面,按照其传统历史特点和功能布局,合理控制建设活动,使得建筑的外立面与传统街巷环境相契合(图 4-14)。在历史风貌区内部,应严格控制好院落围墙、入户门头的形式,拆除高出院墙的搭建,形成风貌区内完整统一的街巷界面。

---

① 谢细伢.历史城镇传统风貌的保护与传承方法研究[D].南京:南京工业大学,2010.

图 4-14　商业区街巷空间效果图

4.4　空间景观规划

4.4.1　景观与绿化

（1）景观规划

空间景观规划的框架沿铁路线和江岸展开,形成"点—线—面"的景观系统。同时,在每个功能区塑造景观节点,与景观轴有机结合。《规划》注重建筑物外部结构的整体性,展现历史建筑空间融合于自然之中的特点,以浦口火车站站场和港务二公司用地为基础,建设铁路文化主题公园,作为规划区主要公共绿地,长江江堤以外建设滨江景观带,丰富沿江绿化层次(图4-15)。利用文保单位和历史建筑周边用地、拆除建筑原址用地及现有闲置地开辟公共开放绿地,均匀分布在浦口火车站地区各处。

"点"——景观节点

以火车站站前广场、滨江广场、商业庭院等作为景观节点来丰富市民的娱乐感受。其中站前广场位于整个设计范围的核心

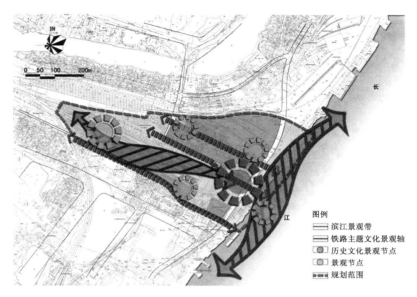

图例
▭ 滨江景观带
▭ 铁路主题文化景观轴
◉ 历史文化景观节点
◉ 景观节点
▬▬ 规划范围

图 4-15　绿化与景观规划图

区域,是博物馆参观的主要出入口,将火车站博物馆展览大楼、停灵台和滨江广场串联起来,并连接东西两块商业区,在设计范围内形成完整的步行系统。滨江广场由游憩广场和亲水广场组成,是临江较大的公共开敞空间。多层次的立体观江平台、宽大的台阶和绿地缓坡自然地将人流引入其中,构成滨江独特的景观中心。商业庭院则为市民提供购物、娱乐之余的绿色空间,人们可以在此休闲放松。

"线"——景观轴线

两条景观步行道和两条商业步行街构成了整个设计区域的景观轴线。一条景观步行道把人们分别引向博物馆或滨江广场,通过这条步行道人们可以顺利地到达江岸。另一条步行道则是将该区域与周边的商业文化区连接起来,方便人们在不同功能区域间的活动。两条步行街为商业的发展提供了条件,也极大丰富了人们在游览中的视觉体验,使人由城市回归自然。

"面"——景观界面

通过对建筑的整合和滨江景观带的塑造,达到地区文化景观和生态环境的高度统一,同时也大大增加了浦口火车站历史风貌区的特色和趣味性,增进建筑与道路、绿化、江岸、水体之间的交融与渗透,体现了滨江城市的本色。

（2）绿化设计

浦口火车站站前广场内的绿化结合广场整治进行详细设计,作为广场用地性质。核心保护范围内其他部分的绿化应多采用单株及多株观赏树种的传统种植手法,避免使用大片草坪绿化。

加强城市干道两侧的行道绿化,建设开放型的沿路绿化带,形成景观视廊。强化近人尺度的庭院绿化,种植单株观赏植物,形成视线吸引点。提高居民的生态意识,提倡居民对各自的庭院进行自赏绿化布置,为街区内部的老屋旧街增添绿色的生机。

4.4.2 空间节点及标志性建筑

在浦口火车站历史风貌区规划中不仅应考虑主体景观的控制和引导,还应针对其他景观元素进行设计,如建筑附属物引导和各类环境要素等(图4-16)。总体上讲,风貌区内的景观小品设置应符合风貌区整体风貌特色,以能够充分彰显民国特色为佳。

风貌区内保留有与铁路、港口工业文明密切相关的多处景观标志点,是展现城市景观风貌的窗口。为了提升风貌区的文化氛围,《规划》将火车站主体大楼及停灵台等设计为景观标志节点。铁路高级职工宿舍北侧广场建筑造型独特,位置醒目,可成为改造利用的范例。对多处绿地和广场进行扩建和改造。通过对景观标志点的功能置换和环境改善,不仅可以提升周边居民的生活品质,还可以使其成为风貌区的标志性建筑和象征。

4.4.3 滨江景观塑造

南京作为长江中下游重要的滨江城市,拥有数十公里的滨江岸线。随着南京都市发展框架的逐步拉开,特别是长江三桥的通

图 4-16　空间节点规划示意图

车和过江隧道的开工建设，浦口中心区作为远期预留的滨江中心地区区位优势逐渐凸显，用地开发建设条件日益看好[①]。

　　例如，与浦口火车站历史风貌区隔江相望的下关滨江地区，该地区南至中山北路，北至南京长江大桥，西至长江，东至大桥引桥和惠民大道，总用地面积约 226 公顷。规划将建多层次的亲水平台和近 4 万平方米"水湾"，最终将形成"两大滨江焦点、三个特色景观界面、五个发展功能带"（图 4-17）。这个主城与江北重要的连接区域，将从一个老工业区变身为大型的休闲生活区。该区域将结合

图 4-17　下关滨江地区总平面图

　　①　杨俊宴,阳建强,孙世界. 滨江城市中心区规划设计中的景观学思考——南京浦口中心区的探索与实践[J].中国园林,2006,(6):63-67.

水岸的商业平台大台阶和文化观演建筑形成一个独特的标志性都市滨水场所,在这里市民可以远眺长江大桥的壮丽景象,令商业区和大桥交相辉映(图4-18)。

图4-18 下关滨江地区效果图

同样,由于浦口火车站历史风貌区沿江的特殊区位,在保护规划中,既包含了对历史建筑所在区域的整体改造,又不能脱离整个滨水自然资源的景观背景。规划应以自然环境为地区骨架,传承地域文化,在激发浦口火车站地区活力、提高居民生活品质的同时,对外部空间与景观进行合理的组织,加建滨江景观休闲娱乐设施,培育富有魅力的人性空间。

《规划》重新塑造浦口火车站历史风貌区的滨江景观,充分发挥亲近水体的优势,通过人性化处理,开放滨江视线,为居民提供更多舒适宜人的活动空间。受原来码头和产业发展的影响,沿江有些建筑遮挡了滨江视线,《规划》将拆除与周边风貌不协调的建筑。为了避免建筑与水岸之间过渡僵硬、空间单调等问题,考虑在沿江各节点增加小广场、凉亭、栈桥、码头等涉水设施,在街道中心广场强调铺地、种植、院落观景等,在商业街区增加观景和小型水域,呼应滨江景观,使浦口火车站地区形成一个空间有序、环境优美、尺度宜人的城市公共开放滨水地区(图4-19)。

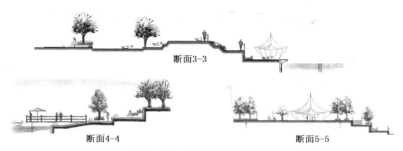

断面3-3

断面4-4

断面5-5

图4-19　堤岸断面示意图

4.4.4　天际线的构筑

天际线即空间的天际轮廓线,是城市总体形象的轮廓。在城市构筑特色的过程中,城市轮廓是城市空间形态最集中、最典型的代表,它由最典型的建筑群构成。历史风貌区的天际线往往是城市特征的重要标识,是在城市宏观层面产生认同感与归属感的主要元素之一[①]。

由于我国历史风貌区大多是较为低矮平缓的天际线,因此,在现代城市迅速发展的大背景下,对历史风貌区天际线的有效保护要采取审慎的态度,可考虑通过高度控制、视线控制和地标建筑控制这3种途径来实现(图4-20)。

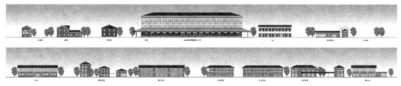

图4-20　街景天际线示意图

① 刘芳,王炯.浅谈历史街区文化景观的空间传承[J].科学之友,2009,(11):104-105.

4.5 基础设施改善

4.5.1 道路交通规划

《规划》路网形成横向为主、纵向为辅的步行格局。这些道路分别承担旅游、商业和步行绿道的功能,各司其职的同时在空间上互相联系,构建符合该地区交通发展需要的交通体系(图4-21)。

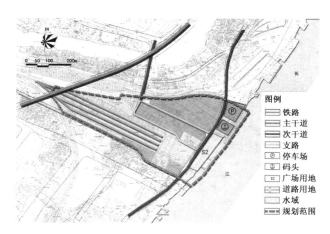

图 4-21 道路交通规划图

其中大马路、津浦路和兴铺路与沿江路交会,均能到达江岸,兼有交通和景观的双重性。沿江路和规划道路的车流、人流较为集中,形成该区域重要的步行人流来源。步行空间主要以广场和景观步行系统为主,道路宽度为 2~4 米,站前广场可将人流引入火车站博物馆,也可引入江岸。商业步行街将各个商业单元串联起来,形成完整的商业区域。沿江岸设置 2 米宽的步行道,局部设置供市民娱乐的休闲广场,增加活动场地的亲水性和市民的可达性。

《规划》同时考虑利用区域内的轨道交通,选择倒"T"字形铁路网络中条件合适的线路,将其改造为城市轻轨,辅以城市道路改造,作为交通的主线,连接地块内各个重要节点,并且向城市周边区域延伸,提高地块的可达性及其与城市的联系。其余可利用的铁轨则结合绿化及铺地改造为休闲步道和公共活动场地,丰富城市空间的层次和趣味性。这些保留下来的铁路轨道不仅是交通轴线,也是历史文化轴线,记载了地区发展的历史轨迹。

1)动态交通规划

(1)完善道路系统

历史风貌区内的交通应尽可能按照不同服务对象的要求进行规划,并区分出城市交通与内部交通、公交流线与游客流线。整理现状街区道路,构建统一整体的路网交通,并通过加强交通管理,减少穿越风貌区的行为。

(2)延续街巷形态

《规划》尽量保留街区原有的街巷格局,并结合公共开敞空间和步行街巷系统,构成风貌区新的街巷肌理。设定良好的街道比例与尺度是整体风貌保护的先决条件。此外,历史风貌区的街道景观整治也应有统一的规划设计。

(3)拓宽滨江道路

根据浦口火车站历史风貌区内部交通与人们游览的需求,将保护范围内沿江路道路的红线宽度确定为 16 米,既保证了车行的畅通,又避免了破坏风貌区与滨江绿地之间的关系。

(4)增加休闲步道

构建步行绿道与人行道结合的步行系统,强调步道的亲水性和观景性,充分考虑本区域与浦口公园在旅游线路及景观上的衔接和呼应。

2)静态交通

结合城市及历史风貌区的需要,在风貌区现有交通设施的基础上,合理配置社会停车场、公共交通站场、交通码头和集散广场等。在规划设计和开发建设这些场所的时候,注意其对环境景观的影响,并把它们作为风貌区环境的有机组成部分来对待。

（1）公交站点

风貌区内静态交通的需求量和布局要求通常由功能区的定位来决定。因此,结合实际需求,《规划》在该风貌区外西南部配备公交首末站,便于街区与周边地区的交通联系。

（2）公共停车(社会车辆、出租车、旅游大巴停车场等)

设计中采取了固定停车与临时停车结合的方式,根据风貌区内的交通特征布置社会停车场,并结合游船码头安排旅游大巴停车场,便于游客就近下车,满足旅游与商业的需要。《规划》尽量使城市交通不穿越风貌区,从而在街区内部形成良好的步行空间环境。

4.5.2 完善市政设施

市政基础设施是实现城市机能,满足人们日常生活需求的基本条件。历史风貌区作为城市的重要组成部分需要各种基础设施的配套支持,如给水、排水、电力、防灾等(图 4-22)。只有不断地更新历史风貌区中的基础设施,才能从根本上改善居民的生活条件,适应人们的日常需求。

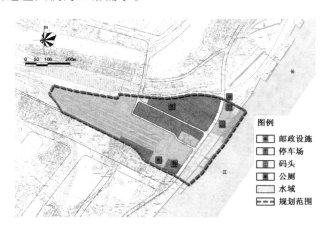

图 4-22 市政设施规划图

在历史风貌区的保护规划中,历史建筑和传统街巷的局部更新为市政基础设施的完善提供了较好的物质基础,而拓宽部分街巷也有助于地下管道的铺设,风貌区内新建筑的建造也为市政设施的完善创造了条件。但对于部分难以进行街巷和建筑改造的历史风貌区,需根据其自身的实际情况对市政工程技术进行适应性改良。

《规划》分别针对 7 米、12 米和 16 米的街巷宽度,采取差异化的管道敷设方式,以满足不同街巷的改造需求(图 4-23)。

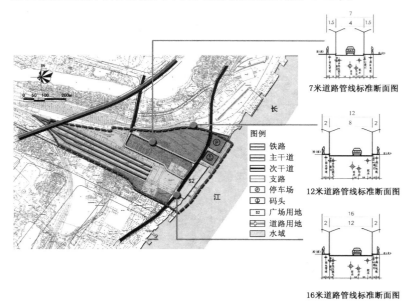

图 4-23　管线综合规划图

由于规划范围属于滨江地区,防洪设置应服从南京市防汛统一要求,并在现有防洪坝的基础上进一步完善。

抗震标准一般建筑按照 6 度设防,重点文物保护单位按照 7 度设防。新建工程必须从避震疏散、绿化环境、消防安全等要求出发,严格执行城市规划的有关技术规定和省、市相关规定。原有的建筑物,特别是受保护的建筑物要加强安全鉴定,对达不到抗震要求的建筑物采取加固措施,防止震时倒塌。尽量开辟绿地、停车场、小广场等空间,用于避震疏散。对占用城市道路及街巷的建(构)筑物进行清理,保证疏散道路的畅通(图4-24)。

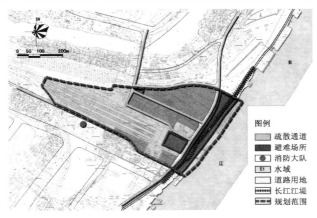

图 4-24　综合防灾规划图

4.5.3　其他设施

首先,完善活动设施,建设儿童游憩设施和老年人健身设施,促进人们之间的交流和交往。其次,补充休憩设施。目前历史风貌区中比较缺乏休憩设施,降低了人对公共空间的使用。《规划》应在不破坏风貌区整体环境的基础上,根据地区需求进行配置。

4.6　本章小结

从本章的研究内容可以看出,城市历史风貌区的发展是一个漫长的过程,整体空间格局是不同历史阶段积累的结果,是风貌区最明显的特征,是体现城市肌理的重要组成部分。因此,在城市历史风貌区中对旧有格局的保护和继承是十分重要的。

对于历史风貌区的保护研究不能只局限于城市的外部表征和外部感受,更重要的是要深入发掘研究城市的内在品质。这就需要在保护规划中把对历史文化资源的研究进一步深化,着眼于城市的历史文化特色要素进行设计,把保护历史文化资源的思想贯彻落实到城市空间环境、标志性建筑、景观塑造和天际线构筑中。

历史风貌区更新的根本是要改善风貌区内居住生活的环境,提升地区品质,完善基础设施,在展示城市历史文化底蕴的同时,做到"以人为本",再现历史文化城市应有的魅力。

5 历史建筑的梳理整合

城市中的历史建筑反映了城市的历史风貌,展示着某个历史时期城市的典型风貌特色,反映着城市历史发展的脉络。南京有着数量众多、种类丰富的历史建筑,它们在构筑南京城市风貌和传承南京城市文脉方面扮演着重要的角色。然而,在经济高速发展的今天,它们也同样面临着在快速发展过程中如何被保护利用的问题。

5.1 历史建筑现状调查与分析

5.1.1 调查对象与内容

对历史建筑保护对象的现状调查、分析和研究为的是掌握一切可能的信息,以进行有目的的编辑和分析,形成相关的文献资料,为进一步对历史建筑的整体认识和正确评价奠定基础。只有细致的调查研究,才能对风貌区内的现状用地构成、产业结构分布、建筑的质量、房屋的产权归属等有一个详细的了解①。历史建筑的现状调查主要包括基本历史要素、艺术特征、建造历史、修复历史四大方面(表 5-1)。

在浦口火车站历史风貌区保护规划的前期调研过程中,完成了大量的基础资料收集工作。主要通过对风貌区的现场调研、问卷调查以及文献查阅等方式收集到了第一手的资料,了解了该历史风貌区产生与发展的历史沿革,以及它所具备的价值和存在的问题等,从而建立起浦口火车站历史风貌区保护分析的基本体系。

---

① 汝军红.历史建筑保护导则与保护技术研究——沈阳近代建筑保护利用的理论与实践[D].天津:天津大学,2007.

表 5-1　历史建筑现状调查内容

调查对象	调查内容
基本历史要素	包括对象辨认(历史建筑的名称、代号、业主、责任人等)、对象位置(历史建筑的地理和地形位置、地理状况、地基、周边情况及历史变化等)、对象描述(历史建筑类型、年代、总体外观、尺度、建筑风格等)
艺术特征	建筑构成,艺术元素,历史、文化、艺术价值
建造历史	建造/再建的阶段,建造技术,建筑材料的类型和产地、手工艺、艺术性部分
修复历史	历史上修复包括复原等各种干预的相关理念、手段、技术及材料年表

5.1.2　相关资料的挖掘与整理

　　浦口火车站历经了百年风雨的洗礼、战火的摧残,特别是近年来城市发展的迅速兴起,许多建筑被人为破坏,整个地区已经在地区去功能化过程中呈现出衰败的迹象。由于长期缺乏整体的保护与开发,规划管理不力,导致乱搭乱建现象层出不穷,整个地区呈现出混乱、无序的状态。在浦口火车站历史风貌区保护规划中,分别对规划范围内建筑的质量、年代、层数和功能等进行了调研统计。

　　浦口火车站风貌区内的建筑按建造年代分为 1920 年以前、1920—1949 年代、1949—1970 年代、1970—1990 年代四个层次(图 5-1)。其中以浦口火车站为中心成片分布着一些 1930 年以前的历史建筑,反映了民国时期的城市风貌。历史风貌区内的建筑质量根据建筑的年代、外观、环境、配套设施等情况分为三类(图 5-2、表 5-2)。

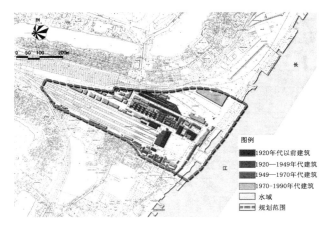

图 5-1 现存建筑年代分析图

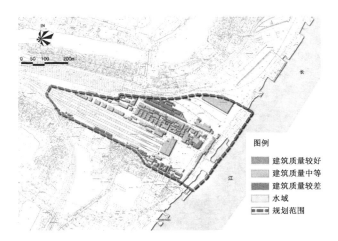

图 5-2 现存建筑质量分析图

表 5-2　建筑现状质量统计表

建筑质量	建筑性质	整治办法
较好	建筑主体结构完好,维护部件完整,市政设施配套基本齐全的建筑,主要分布在20世纪80年代后新建的部分工业建筑、商业建筑、行政建筑和民居建筑中	尽量予以保留
一般	建筑主体结构一般,维护部分一般,市政设施配套不齐全的建筑,主要分布在浦口火车站地区周边的历史建筑和津浦路西侧的传统民居建筑中	予以调整和改造
较差	建筑主体结构很差,维护部分很差,市政设施配套不齐全的建筑,主要分布在大量缺乏维护的民居建筑以及部分违章搭建的建筑中	可以拆除

　　由于浦口火车站历史风貌区内大部分建筑年代久远,多为低层建筑,多层建筑都极少,因此在规划范围内的居住建筑、沿街商业建筑多为1~2层,浦口火车站历史建筑群、工业建筑以及部分公共建筑为2~4层,新建的公共建筑、商业建筑和住宅楼基本为4~7层(图5-3)。风貌区内现存建筑以生活居住和对外交通用地为主,附以少量商业办公用房(图5-4)。

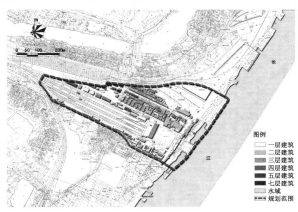

图例
　一层建筑
　二层建筑
　三层建筑
　四层建筑
　五层建筑
　七层建筑
　水域
　规划范围

图 5-3　现存建筑层数分析图

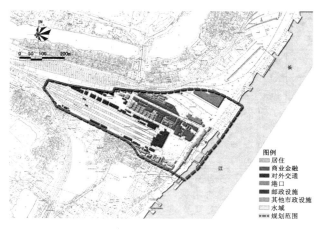

图例
居住
商业金融
对外交通
港口
邮政设施
其他市政设施
水域
规划范围

图 5-4　现存历史建筑历史功能分析图

5.2　建筑的分类保护

5.2.1　建筑分类

　　建筑是构成整个街区最基本的单元,对建筑物的处理方式直接决定了风貌区整体风貌保护的好坏。《规划》在对风貌区建筑及其所在环境梳理后,按照建筑的结构、布局、风貌的完好程度将建筑分为 4 类(图 5-5),分别为省级文物保护单位、历史建筑、可更新改造建筑、建议拆除建筑。其中,省级文物保护单位保护范围内的建设活动必须符合文物保护单位的保护要求。历史建筑本体及其所在环境内的建设活动必须符合《南京市重要近现代建筑和近现代建筑风貌区保护条例》的保护要求。可更新改造建筑主要指建筑风貌不太协调,需要更新改造的建筑,可以拆除,也可以对建筑进行改造修缮,使其与周边风貌相协调。建议拆除建筑主要指严重影响风貌区风貌的建筑。

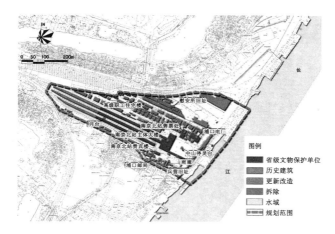

图 5-5　建筑遗产保护规划图

5.2.2　建筑实体保护方式分析

历史建筑保护既要重视其作为历史见证物的方面,又要重视它作为艺术品的方面。历史建筑的原存部分作为历史信息的真实载体,是历史建筑主要价值所在,必须保护各种历史证据不被破坏、改写或移动。《浦口火车站历史风貌区保护规划》本着保护历史建筑和风貌的完整性,充分考虑现状和可操作性的原则,保护与更新模式赋予每一个建筑属性,明确了要保护的建筑、需要修缮的建筑、需要改造的建筑和需要拆除的建筑,对浦口火车站地区的建筑及空间规定了保护与更新模式(表 5-3)。

其中重要建筑的保护措施包括:① 修缮:包括日常保养、防护加固、现状整修、重点修复等。② 维修:对历史建筑和历史环境要素进行不改变外观特征的加固和保护性复原活动。③ 改善:对历史建筑所进行的不改变外观特征,调整、完善内部布局及设施的建设活动。④ 整修:对与历史风貌有冲突的建(构)筑物和环境因素进行的改建活动。

表 5-3　保护与整治模式措施表

保护方式	对象	具体保护整治措施
保护	文物保护单位	维护周边历史环境的完整性,外观除适当修缮复原外,不得做任何改造,为适应新用途的内部修缮和改造应降到最少
修缮	有一定历史价值、特色较为典型、质量较好的历史建筑,难以适应现代生活及规划要求的历史建筑和传统建筑	修补残缺部分,尽量保护和利用原有构件修复到早期原貌,包括外立面修补,结构、屋顶、墙体维修等。利用原有布局肌理,保持传统形态,参考周围传统建筑样式构造,对建筑立面、内部进行设计、修缮,改善设施和居民生活质量
改善	建筑质量较好、但与历史风貌不协调的一般建筑,近期难以立即拆除的建筑	对其暂时保留,通过立面整治达到与环境的协调,包括改造屋顶形式,调整外观色彩等
拆除	与历史风貌冲突较大、建筑质量较差、违章搭建或者临时搭建的建筑,破坏整体环境的建筑	拆除

针对建筑现状存在的问题提出具体的保护措施:整修历史建筑内外环境,"修旧如初"。包括加固内部结构,整修内外装饰,恢复历史建筑原貌,拆除院落内违章和临时建筑,增加绿化,拆除部分非历史建筑作为停车场等用地,改善周边交通环境。通过功能置换,选择合理的使用方式,建筑修缮后可以建成历史展览馆或者文史博物馆向市民开放。尤其应注意的是在历史建

筑的保护利用和修缮中不能改变其大的格局,不能改变建筑的外貌(图 5-6)。

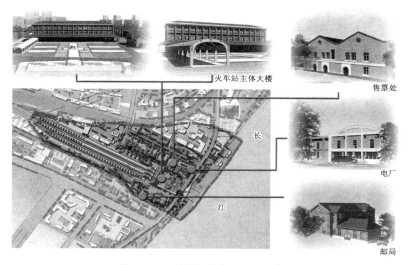

图 5-6　重要地段和节点整治图

5.3　单体整治方法建议

5.3.1　建筑内部改造

为了满足风貌区内人们的物质文化需求,对于建筑质量尚好但结构形式已不能适应新功能需要的历史建筑,在基本保护其外观的前提下,应根据建筑的不同功能,采用改善建筑内部结构空间的手段进行更新。在保护措施的选择上应首先考虑对受损和被破坏材料的稳定和加固,有必要时再考虑进行采取其他的保护措施。保护前详细记录建筑现存条件及其特性,是正确评价建筑和进一步确定保护措施的第一步。要尽量保留原有建筑的空间格局和形式,并对原来的使用功能加以利用。

例如在火车站主体大楼单体设计中,为了适应现代博物馆的要求(基本组成内容包括:展厅、藏品库区、办公室、技术用房以及观众服务设施等),在内部结构上进行最小程度的改造,在尊重建筑既有空间的基础上,最大限度地挖掘空间潜力,满足使用功能的需要,实现建筑自身价值的延续。

浦口火车站主体大楼原作为站房,一层为候车厅,东西两侧分布办公用房(图5-7),二、三层均为办公用房。功能置换后,一层将作为主要展览空间,原有部分墙体需要拆除转变为互相开放的展览空间以及观众服务设施(图5-8)。原有二层的办公用房(图5-9)也通过拆除墙体作为博物馆的展览用房及藏品库房(图5-10)。三层基本按原有的空间布局,安排为技术、办公等辅助用房。

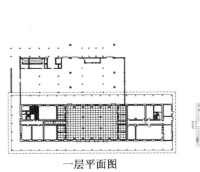

一层平面图

图5-7 火车站主体大楼现状一层平面图

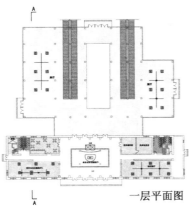

一层平面图

图5-8 火车站主体大楼设计一层平面图

博物馆在陈列上也力求突出铁路特色,所有展品、展板全部布置在铁路轮轨之上或火车车厢之内。在室外陈列一些具有时代特征的火车头、铁轨,并摆放一些火车车厢,加以改造后使其具备现代艺术、商业、餐饮、休闲等内容。同时考虑到参观人流以及物流的交通运输问题,所有的空间形式均根据新的功能要求进行组织。

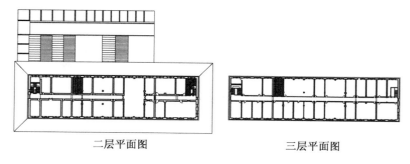

二层平面图　　　　　　　　三层平面图

图 5-9　火车站主体大楼现状二、三层平面图

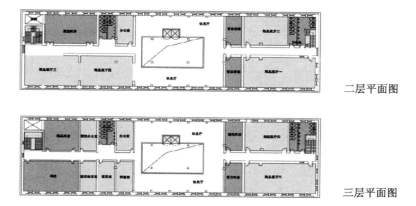

二层平面图

三层平面图

图 5-10　火车站主体大楼设计二、三层平面图

5.3.2　外观整治与修缮

历史建筑外观形式在历史建筑价值中占有非常重要的地位,它往往成为鉴别和判断一个历史建筑重要性的主要因素,所以在历史建筑保护修复中对其外观的保护修复至关重要。根据历史建筑受保护的级别和其建造时期、风格特征、现状损害程度的不同,保护修复的方式大相径庭。通常采用外观修复、局部更新、改建扩建等方法[1](图 5-11)。

（1）浦口火车站主体大楼

图 5-11　火车站主体大楼修复改造

（2）中山停灵台

停灵台位处火车站广场花园正中央,采用石材,混凝土结构。台基占地 227 m²,由台阶、基座、球体三部分组成,有五层台阶,呈五边形,高 3.6 m。停灵台现状情况一般,球体上还有人为涂写的痕迹,在整治时需去除球体上的字迹和污迹。重新规划整治以停灵台为中心的站前广场,使其与周边环境加强联系。同时,按照历史原貌适当恢复小品、雕塑等配套设施。停灵台周边广场非历史原状,《规划》可结合具体设计要求进行适当调整。

（3）月台和雨廊

浦口火车站的雨廊分为两段,形式风格迥异却各有特色:一段是月台上的单柱伞形雨廊,在中国铁路建筑史上极为少见;另一段是候车大厅西首通向码头的拱形雨廊,以前一直横穿过马路直通码头,旅客从火车上下来,一路无需打伞。月台和雨廊保留了原有的风貌特征,质量较好,拱形雨廊已经经过整修,面貌焕然一新,伞形雨廊因尚未整修,成色略显旧,但有历史感。

规划保留现有月台和雨廊,整修其外观,使其恢复历史风貌。

---

① 　汝军红.历史建筑保护导则与保护技术研究——沈阳近代建筑保护利用的理论与实践[D].天津:天津大学,2007.

近主体大楼部分可用钢化玻璃加建空间联系以融入铁路博物馆整体。

（4）兴浦路邮政支局

邮局是一座两层建筑,坐北朝南,砖木结构。建筑质量尚可,保存较为完整,现仍作为邮政支局使用,但经过改建后原有风貌基本消失。规划将对外立面进行重新整修,敲除现状的瓷砖墙面,重新使用青砖贴面,还原勒脚细部(图5-12)。《规划》还考虑整治周边环境,恢复原有民国风貌,并保留其现有功能,使其成为具有浓郁地方特色的建筑,既作为街区的有机组成部分,又为周边地区服务。

图 5-12 邮局修复改造

（5）大马路两侧商业街

规划复兴大马路两侧商业街,由于大马路两侧现状建筑质量较差,多数已为危房,故《规划》对此地段采取低层低密度方式重新修建,建筑风格与原址传统风格一致,以中小型规模设置商业购物、餐饮休闲等内容。

5.4 基于产权归属的经济分析

浦口火车站历史风貌区保护规划研究取得了一些成果,但是仍然遗留了一些难题,比如建筑的产权与处置方式。在本次的保护规划中,虽有相关部门和当地居民的大力帮助,掌握了风貌区内建筑的产权情况,但由于现实情况十分复杂,对于保护范围内的大部分地区的产权情况仍然没有摸清。还有如经费来源及其筹措等一直是历史风貌区保护的难题。同时,历史风貌区保护规划缺乏相应的法律保障,所以往往会造成规划成果难以落实的情况。

5.4.1 建筑产权归属分析

（1）产权归属的影响

随着我国历史风貌区旅游资源逐渐得到开发,越来越多的市民和外地游客愿意到风貌区参观。而这些历史风貌区不但向人们展示了城市的传统风貌和地域文化,其带来的经济效益也明显提高。但历史风貌区中历史建筑的产权归属也带来了一些现实问题。

例如,天津市五大道风貌建筑区由于集中了许多名人故居及风貌建筑,一直以来被称为"万国建筑博览会",已成为天津名副其实的旅游名片。但因其内的部分名人故居、风貌建筑不对游客开放而阻碍了五大道旅游资源的开发。很多外地游客往往都是慕名而来,失望而去。

作为天津旅游重要品牌的五大道风貌建筑区内的这些历史建筑不能面向游人开放的关键原因正是建筑的产权归属问题。天津五大道历史风貌建筑区内建筑有军产、宗教产、外产、公产等多种产权归属,所有历史风貌建筑、名人故居的房屋产权都不在区属甚至旅游部门所属范围内。而其中相当一部分单位拒绝向社会开放其拥有的名人故居、风貌建筑,成为开发五大道名人故居的制约性因素之一。另外,由于此处的开发受到产权、文物、风貌建筑保护等政策的制约,资金回笼得不到保障,因此很多开发商都避而远之。

（2）浦口火车站历史风貌区建筑产权归属分析

对于浦口火车站历史风貌区来说,规划范围内的建筑产权归属也较为复杂,大部分历史建筑归铁路部门和港口运输部门所有。在未来的保护与发展中,建筑产权的所属情况也会直接影响到该风貌区旅游等产业的开发。因此,在浦口火车站历史风貌区保护规划中特别对该地区内的建筑产权情况进行了分析(表5-4)。

表5-4　建筑产权归属情况

产权分类	历史建筑	产权归属
私有产权	规划范围内的住宅建筑,包括一些零散的住宅以及私人店铺	当地居民、私营业主
公有产权	浦口火车站主体大楼、中山停灵台、贵宾楼、售票处、月台和雨廊、浦口电厂旧址、津浦铁路局高级职工住宅楼、兴浦路邮政支局、兵营旧址、慰安所旧址等	属于规划范围内的几家单位,包括:南京车辆段浦口车间、浦口区运输公司、上海铁路局南京铁路分局、南京铁路分局浦口站、南京市大件运输总公司、浦口港务处、南京港务公司、浦口派出所、浦口码头、南京市燃料总公司、南京港务管理局

（3）可行措施探讨

　　针对历史风貌区可能因建筑产权归属产生的旅游开发等问题,可以分情况采取不同的措施。例如,针对公有产权的历史建筑,可以考虑"渐进式、小规模开发的模式",也就是尽可能地与部分单位协调,进行合作开发,或者考虑进行局部、限制性开放,并在部分历史建筑外开设电子导览器等设备,方便游人深入的了解不对外开放的建筑的历史和现状情况。

　　对于私有产权的建筑改造,一方面可以采取拆迁重建的方式,将当地的居民迁出,直接由政府和开发商重建经营。这样做虽然可以统一建设,但拆迁费等资金成本很高,会造成开发商避而远之的现象。另一方面,可以考虑采取与居民共同开发的模式,由政府和开发商为居民提供一定的维修改造费用,再由居民或私营业主一同出资,共同经营,延续产权,互惠互利,带动浦口火车站历史风貌区的经济发展。

5.4.2　经济测算

风貌区独特的经济价值来源于它作为资源的稀缺性和不可再生性。资源是指在目前或可能的技术水准和经济条件下,可以供人类利用的那部分原料。风貌区的数量和范围都是有限的,这种稀缺性可以带来直接的经济利益[①]。

从经济学角度出发,可以发现历史建筑具有商品与公共物品的双重属性。一方面,作为不动产,历史建筑具有商品的特征,拥有房地产的价值,可以带来经济收益;另一方面,历史建筑处于城市之中,无偿给公众带来形式美感和文化愉悦。正是由于历史建筑的双重属性,它们的成本与收益也不同于一般商品。对于整个历史风貌区,维护是其主要的更新方式,历史风貌区的保护可看作是完整意义上旧城更新的一个缩影。只是其建筑单体的更新中维护、整治的比例远大于重建的比例,这也正是历史风貌区的保护与危房简屋推倒重建的不同之处[②]。

对历史风貌区投入的相关费用和预期收益进行测算,目的是为政府审批规划和制定工作计划提供决策参考。不应要求在历史文化街区内达到经济平衡,应通过异地平衡的方式,综合考量风貌区保护更新后对周边区域经济效益的提升等积极因素,谋求经济效益与社会效益的整体平衡。根据浦口火车站历史风貌区的实际情况,《规划》采取政府回购经营的模式,具体测算见表5-5。

---

① 沈静艳.历史文化风貌区整体性开发项目的城市设计研究[D].上海:同济大学,2006.

② 吴敏.小议历史街区保护的经济性问题[J].山西建筑,2009,(4):22-23.

表 5-5　经济预测计算表

费用	分类	测算
投入费用	拆迁安置费及与拆迁安置相关的其他费用（包含搬迁过渡费、搬家费、提前奖励费、营业补偿费、房屋安置费等）	按照 6 500 元/平方米计,共需回购建筑31 021 平方米,风貌区拆迁成本共计约20 164 万元
	土地购置、改造、整治所需的费用	回购后需修缮的建筑面积约 3 461 平方米,需改善的建筑面积约 9 651 平方米,成本按照修缮建筑每平方米 1 万元,改善建筑每平方米 5 000 元计算,则风貌区改造建筑费用共计约 8 287 万元
	土建和市政设施改造的费用	规划浦口火车站历史风貌区沿江公共绿地 3 600 平方米,广场用地 9 177 平方米,公共广场及绿化建设费用按 400 元/平方米计算,共计约 511 万元
收益利润	新增旅游、开发项目的营业收益	规划旅游项目包括铁路文化博览游、科普教育体验游、创意文化艺术游等内容。该项目建成后每年可接待游客 10 万人次,按人均消费 100 元计算,年收入可达 1 000 万元
	新增房地产租售收益	商业、办公每年出租租金: 29 700(建筑面积)×200(每平方米月租)×12(月数)+35 700(建筑面积)×100(每平方米月租）×12(月数）=11 412万元 停车位每年出租租金: 500(月租金)×12(月数)×80（车位数)=48 万元 年租金收入共计 11 460 万元
	周边房地产升值可收益部分	依实际情况而定
成本—收益比较	成本:20 164+8 287+511=28 962 万元 年收益:1 000+11 460=12 460 万元	

5.5 本章小结

当今社会的进步和科技的发展带来的社会变革,冲击着建筑领域,一些历史建筑因其功能不能满足当代生活的需要等种种原因遭到破坏或严重损毁,成为了人类创造文明过程中的牺牲品。其中有些重要的历史建筑曾是地区的标志,给人们留下了深刻的印记。

通过本章的研究认识到,在历史建筑的保护与利用中,要深入认识和审视这些建筑的价值,深入挖掘和整理与历史建筑相关的资料,在明确建筑特征的基础上,应针对每栋建筑的不同价值和使用现状进行分类整理与建设控制。对质量较好的特色建筑要加以保护和修缮,对建筑质量较差但能反映地域风貌的老建筑进行适当整治,对质量和风貌均较差的建筑进行更新重建。这样做的目的是延续传统建筑风貌与院落空间结构,提高历史风貌区的环境风貌。

对历史建筑的再利用要在明确产权归属和确保历史建筑的核心价值得到有效保护的同时,通过合理的经济手段,谋求经济效益与社会效益的整体平衡,让它们重新介入现代人的生活,努力寻求传统文化与现代生活方式的结合点,求得两者的协调发展。

6 南京市历史风貌区保护规划编制要点探讨

历史风貌区保护规划作为南京市地方性法定规划,对完善历史地段保护层次有积极意义,但目前还没有统一的编制标准和评价准则。因此,本章结合《江苏省历史文化街区保护规划编制导则》的编制要求,通过《浦口火车站历史风貌区保护规划》成果来探索历史风貌区规划编制的内容和方法,并提出对产业类历史风貌区保护规划成果的建议。

6.1 江苏省历史文化街区保护规划编制要求解析

对于历史文化街区的保护,由于各地情况、编制单位等各方面因素的不同,难免会出现不同的保护规划成果。保护规划成果的格式、内容及质量不统一直接影响历史文化街区保护工作的深入发展。其主要原因是缺乏较权威的规范性条例加以约束和规范。针对该情况,江苏省于 2008 年 4 月出台了《江苏省历史文化街区保护规划编制导则(试行)》[①](以下简称《导则》)。

《导则》中明确保护规划成果包括规划文本、图纸和附件三部分。文本和图纸共同构成法定文件,具有同等效力。

6.1.1 规划文本

规划文本的内容包括:总则,历史文化遗存的保护利用,用地、人口与空间规划,交通与市政设施规划,技术指标与经济测算

---

① 姚迪,朱光亚.历史文化街区保护规划的规范性与适应性研究——以扬州东关历史文化街区保护规划为例[J].建筑学报,2006,(6):40-43.

及实施政策建议 6 个部分。

表 6-1　规划文本内容

项目	具体内容
规划总则	历史文化街区保护规划的范围、依据、目标、原则、期限及成果构成等
历史文化遗存的保护利用	历史文化街区保护范围的划定、重要保护对象的确定、功能发展的定位、空间格局的保护、环境风貌的保护、建筑遗产的保护、文物保护单位的保护、其他物质文化遗产的保护、物质文化遗产的合理利用及非物质文化遗产的保护与利用
用地、人口与空间规划	用地功能与结构、人口结构与容量、公共活动空间、绿化与景观及建设控制要求
交通与市政设施规划	交通和市政设施规划原则、道路与交通、给水排水、电力电信、燃气、防灾工程、环境卫生及管线综合
技术指标与经济测算	技术指标包括建筑密度、人口容量、人口密度、建筑高度、容积率以及绿地率、日照间距、停车泊位、拆建比，经济测算保护、整治、改善和利用等项措施的相关费用和预期收益
实施政策建议	经济政策、搬迁和安置及实施时序

6.1.2　主要图纸

江苏省历史文化街区保护规划主要图纸包括：历史文化街区区位图、历史文化街区保护范围图、历史文化街区建筑文化遗存分布图、历史文化街区现存建筑的年代分析图、历史文化街区现存建筑层数分析图、历史文化街区现存建筑质量分析图、历史文化街区现存建筑历史功能分析图、历史文化街区现存建筑风貌分析图、历史文化街区其他历史文化遗存分布图、历史文化街区建筑遗产保护规划图、历史文化街区空间格局保护规划图、历史文化街区用地布局规划图、历史文化街区绿化与景观规划图、历史文化街区道路交通规划图、历史文化街区市政设施规划图、历史文化街区综合防灾规划图、历史文化街区管线综合规划图、历史文化街区沿街立面整治图及历史文化街区重要地段和节点整治图。

6.1.3　附件

（1）规划说明书：对文本内容进行必要的具体解释。

（2）基础资料汇编：可单独编制，也可纳入说明书。

（3）专题研究报告：必要的情况下，针对规划要解决的重点问题进行专题研究的报告。

（4）文物保护单位的保护图则。

6.1.4　保护规划成果要求

规划文本应当为条文形式，简洁准确，明确规划实施的要求。规划说明是对规划文本的具体解释，其文字表达应规范、简练、清晰、有针对性，区位图应在城镇总体规划总图的基础上表达。主要图纸比例为1/500～1/1 000，沿街立面整治图、重要地段整治平面图比例不小于1/200。其他图纸的比例可根据需要选择。

6.2　浦口火车站历史风貌区保护规划编制经验总结

由于历史风貌区自身的特点及其在保护发展过程中面临特有的问题，使历史风貌区修建性详细规划的编制比一般地区复杂得多。规划过程中既要保护各种物质文化遗产、街巷肌理、城市结构和整体风貌，又要延续历史风貌区的生命力，改善居民的生活质量和地区的环境质量，使其满足现代化生活的需求。因此，我国现行的一般城市地区的修建性详细规划体系不能满足历史风貌区保护、整治和发展的要求，在实践中探索适应历史风貌区特点的规划方法和完善编制体系就具有重要的现实意义。

6.2.1 浦口火车站历史风貌区保护规划成果分析

（1）保护规划的切入点与层次定位

南京市历史风貌区数量众多，与其相关的保护与改造也在城市建设中备受关注。但是随着城市化进程的加快，城市历史风貌区保护与经济发展的矛盾更为突出。因此，在《浦口火车站历史风貌区保护规划》中，保护的切入点不再是单一的保护，而是充分探讨保护与发展的关系，明确相关法规条例对历史风貌区保护与发展的指引作用，并通过研究保护与利用的方式，延续历史风貌区的生命力，实现可持续发展。同时，该保护规划按照《南京历史文化名城保护规划（2010—2020）》的要求，明确历史风貌区保护规划应达到的详细规划深度，并参照历史文化街区的要求划定保护范围。

重要近现代建筑风貌按照《南京市重要近现代建筑和近现代建筑风貌区保护条例》的要求进行保护，保护规划需通过南京市重要近现代建筑和近现代建筑风貌区保护专家委员会论证后，报南京市人民政府审批，其他历史风貌区的保护规划应经南京市规划委员会论证后，报南京市人民政府审批。

重点保护整体格局和传统风貌，新建建筑高度、体量、风格等必须与历史风貌相协调。居住类的历史风貌区一般不得改变其主体功能。保护更新方式宜采取小规模、渐进式，不得大拆大建。

（2）保护规划的控制深度

浦口火车站历史风貌区总用地 20 公顷，《规划》在保护范围内研究风貌区保护与利用的功能定位，探讨在详细规划层面的规划编制内容。《导则》中指出历史文化街区保护范围的划定，必要时可结合当地实际，在历史文化街区保护范围以外划定建设控制地带。浦口火车站历史风貌区的范围划定是在明确保护范围的基础上进一步划分出核心保护范围和风貌保护范围，并在此范围内注重空间格局保护和历史建筑整治引导，基本达到修建性详细规划的深度。

6.2.2 保护规划内容研究

（1）主要成果构成

作为规划实施管理的法律依据，《导则》中明确指出："保护规划成果包括规划文本、图纸和附件三部分，文本和图纸共同构成法定文件，具有同等效力。"

《浦口火车站历史风貌区保护规划》按此要求编制成果，包括规划文本、图件和附件，整体架构包括以下几方面：

历史研究，包括对历史沿革、街区功能与空间形态演进、街巷与重要建筑；现状研究，包括上位规划及相关规划要求、自然环境特征、街区功能、空间格局与肌理、重要建筑、建筑物和环境设施、古树名木、非物质文化遗产、交通及市政设施、人口与社会经济情况、公众意向、历史风貌区的价值评估；保护规划内容，包括划定风貌区的保护范围，确定重要保护对象，明确功能发展定位，并对历史风貌区内的空间格局、环境风貌、建筑遗产、文保单位、非物质文化遗产等方面提出保护与利用的措施；用地、人口与空间规划，包括用地功能结构、人口结构与容量、公共活动空间、绿化与景观、建设控制要求等内容；交通与市政设施规划，包括规划原则、道路与交通、市政工程以及防灾工程的规划、经济测算与技术指标；规划实施政策建议，包括经济政策、搬迁与安置、实施时序等。

图纸表达上，主要图纸比例为1/500～1/1 000，沿街立面整治图、重要地段整治平面图比例不小于1/200，达到修建性详细规划的深度，以更好地指导和控制下一步的规划与实施。

（2）新增强化的内容

《浦口火车站历史风貌区保护规划》根据《导则》要求，在保护规划中增加了强化的内容，例如增加了对上位规划的反馈，即在历史街区的道路规划中，根据《南京市浦口老镇地区控制性详细规划》，为地区缓解交通压力，曾将历史街巷大马路由原来的7米拓宽至12米。但随着南京历史风貌区保护意识的提高，保护规划又将历史街巷的宽度恢复至原有的街道尺度,延续地区的传统风貌。

同时,还详细探讨了建筑单体合理利用的模式。在浦口火车站历史风貌区的保护规划中,选择了重要的历史建筑进行研究,探讨不同功能建筑的合理利用模式,例如将浦口火车站及其附属建筑,主要包括主体大楼、售票处、车务段大楼、浦口电厂作为铁路博物馆的主要室内展馆,结合其历史,主要展示有关铁路发展史的文献资料,包括珍贵的铁路老设备、老器材和历史照片等,还有融知识性、趣味性为一体的,可以让观众参观的科普项目。

6.2.3　保护规划控制方法研究

在历史风貌区的保护规划中保护是贯穿始终的,规划的控制内容和促进发展的手段都是依据于此,这与城市一般地区的开发建设是不同的。因此,必须研究适应历史风貌区特殊情况的规划方法。

1)弹性的用地规划方法

所谓弹性规划,即规划控制要有一定伸缩性,为未来的变化留有一定的余地,它强调规划是一个不断协调、不断完善的动态的过程,而不是最终的结果[①]。如果说城市紫线的划定体现了保护规划的强制性内容,在不确定的市场条件下,规划在土地使用调整上,更多要为街区的未来发展留有空间上的余地和功能上的弹性[②]。

在《浦口火车站历史风貌区保护规划》中依据《导则》的要求,考虑土地使用的兼容性,主要体现在以下两个方面:

---

① 王卉,郑天.对历史街区控制性详细规划编制的思考——以北京大栅栏地区为例[J].华中建筑,2007,(4):66-71.
② 林林,阮仪三.苏州古城平江历史街区保护规划与实践[J].城市规划学刊,2006,(3):45-51.

（1）用地性质的分类控制普遍在中类,对于需要明确用地性质的地块则控制在小类,例如该保护规划用地中的商业金融用地和广场用地。

（2）在不影响历史文化风貌和符合历史建筑保护要求的前提下,《规划》允许特定区域内土地使用的兼容性,考虑浦口火车站历史风貌区自身的功能特点,可以混合兼容的用地性质主要有文化娱乐用地、商业用地和办公用地。

2）完善保护范围

《浦口火车站历史风貌区保护规划》考虑分层次保护的方法,根据不同的地块性质、建筑风貌等因素,采取不同的保护利用方式。

（1）《规划》将现状各种使用性质的文物古迹统一划入"核心保护范围",面积约 13 公顷。划分该范围的目的在于强化文物古迹的重要性,优先恢复其使用功能。如区域内的浦口火车站历史建筑群、铁轨、码头等。该范围内需进行严格的保护,处于文物保护单位和历史建筑保护范围的还需同时征得文物行政主管部门的同意,建设活动应以修缮、维修和改善为主,其建设内容应服从文物古迹的保护要求,禁止随意拆建、新建。对于现有居住、对外交通功能的文物古迹,除了保持现状功能外,只要是符合其历史文化内涵、不破坏原有建筑特色和环境的所有使用功能都应鼓励。

（2）《规划》提出"风貌区保护范围",主要包括风貌区内港务二公司的货场用地、码头用地和多层住宅用地,《规划》调整为商办混合用地和文化娱乐用地。该范围内的用地建设目的在于通过地块功能更新为风貌区保护提供后备拓展空间,提供用地兼容性,为不可预测的未来留有余地。同时,该范围内的建设应进行统筹安排,控制好其开发容量与环境风貌,优先满足历史风貌区保护的各项规划要求。

3）强制性与引导性的控制

城市建设是一项复杂的行为,在控规指标体系中,强制性与引导性指标的确定实际就是确定控制规划的刚性与弹性，也就是确定在规划中哪些是必须遵照实行的，哪些是可以变通和调整的①。历史风貌区由于其保护要求的特殊性，部分引导性指标如建筑色彩、体量和尺度等会上升为强制性指标，而部分强制性指标如绿地率、停车位等下降为引导性指标。

在《浦口火车站历史风貌区保护规划》中，对于风貌区的保护范围、整体格局、传统街巷走向、高度控制、建筑高度、建筑体量、建筑风格、环境风貌等采取强制性的控制要求。而绿化景观、地面铺装、公共服务设施、市政设施等则做出引导性的控制要求，允许下一层面的规划设计有一定的设计空间。

4）交通和市政设施规划

由于历史文化街区街巷狭窄，交通和市政设施的埋设往往是规划中的难点。《导则》中就明确提出了交通和市政设施规划在满足城镇总体规划和各专业技术规范基本要求的前提下，遵循区内自足、干扰最小的原则。即历史文化街区交通和市政设施规划的容量应以满足历史文化街区内居民生活及规划确定的适量旅游商业用途为主，不应将周边及城市其他地区的交通、公共设施和市政设施配套需求纳入历史文化街区。同时，城市干道和各类市政干管均不应穿越历史文化街区。区内必要的道路和市政设施不应破坏或威胁历史建筑安全，设施应体量小巧，位置隐蔽，造型与传统风貌相协调。

在《浦口火车站历史风貌区保护规划》中，首先明确地段内交通政策是保留道路线型和走向，避免大量机动车穿行，尽量在外围组织交通进行疏导，并优先考虑行人和公交。道路规划在不破坏风貌区的整体风貌、方便人车出行、提高街巷市政设施现代化程度的目标下，尽量维持原有道路格局和街巷尺度。具体的规划方法则是整合现状道路，在局部开辟一些尽端式的机动车道，并

① 王卉，郑天. 对历史街区控制性详细规划编制的思考——以北京大栅栏地区为例[J]. 华中建筑，2007，(4)：66-71.

通过机动车分时段限行等管理措施组织机动车交通。

在市政设施规划方面,由于规划范围内有很多窄巷,在无法满足规范规定的管线直埋要求时,从街区内部和外部两个方面同时进行。因此,首先要对街区内部街巷梳理,对不同宽度的街巷采取不同的管线敷设方式,并对基础设施的技术进行改良,适应某些特殊街巷要求。其次是从街区外部解决,城市的设施负荷不应施加于街区,尽量分散街区负荷。

6.2.4 历史文化街区与历史风貌区保护规划编制内容和方法的比较

通过以上的分析研究可知,历史风貌区的编制内容和控制方法会因为保护层面的特殊要求而与历史文化街区有所不同。在修建性详细规划层面,历史文化街区与历史风貌区保护规划编制内容和方法的异同有如表6-2所示几个方面。

表6-2　历史文化街区与历史风貌区保护对策比较

保护规划编制		历史文化街区	历史风貌区
管理措施	保护力度	指定保护	登录保护
	保护依据	《中华人民共和国文物保护法》《历史文化名城名镇名村保护条例》《城市紫线管理办法》《江苏省历史文化街区保护规划编制导则(试行)》	《南京重要近现代建筑和近现代历史风貌区保护条例》《南京历史文化名城保护条例(拟定)》
	审批主体	江苏省人民政府	南京市人民政府
总体保护要求	保护重点	历史真实性、风貌完整性、生活延续性	风貌的延续性(原真性)
	保护范围	须划定保护范围和建设控制地带	须划定保护范围

保护规划编制		历史文化街区	历史风貌区
建筑		采取分类保护的方式,对不同建筑采用保护、修缮、改善、整治等措施,新建、改建、扩建建筑的体量、风格、色彩、高度等与历史建筑和历史环境相协调	
	保护建筑	(1) 文物保护单位按照《文物保护法》要求,严格保护文物保护单位的原真性(内外均保); (2) 历史建筑按照《历史文化名城名镇名村条例》要求,外观不得改变,内部根据需要可以进行更新; (3) 登录保护的历史建筑可保留或改善外观,内部根据需要可以进行更新; (4) 规划控制建筑保留其特色要素	
	风貌协调建筑	以改善或整治为主,可根据需要进行更新	
	风貌冲突建筑	整治、择机拆除	保留或更新
	新建建筑	风貌冲突建筑拆除后新建建筑宜采用小尺度、镶牙式的方式,功能上应优先满足配套设施、其他地区除必要的公共设施和配套设施外不得新建	新建建筑宜采用小尺度、镶牙式的方式织补传统肌理,延续风貌特色
交通		避免大量机动车穿行,应尽量在外围组织交通进行疏导	
	历史街巷	不得拓宽,不得改变断面形式、绿化特征	保留道路线型和走向
	城市道路	城市主次干道不得穿越,避免新增城市支路穿越	城市主干道不得穿越,避免次干道穿越,支路有条件通过
设施		不得设置大型设施,宜尽量在外围地区解决,内部宜小型化、分散化处理	

保护规划编制		历史文化街区	历史风貌区
功能更新	功能性质	原则上不得改变原有主体功能	根据需要可进行置换
	更新方式	小规模、渐进式的方式，不断地进行修缮和更新，不应采取大拆大建的方式	
其他	特殊技术规定	交通、消防、市政、日照、绿化、管线等必须进行具体研究，单独制定针对性的技术规定	
	环境改善措施	降低建设密度，疏散居住人口，改善绿化环境	

6.3 历史风貌区保护规划编制成果建议

6.3.1 规划编制基本程序

通过以上对《江苏省历史文化街区保护规划编制导则(试行)》的分析和对《浦口火车站历史风貌区保护规划》编制心得的总结,建议历史风貌区规划编制成果包括文本、图件和附件,并探讨主要的规划编制内容(表 6-3)。

表 6-3 保护规划编制的基本程序及框架

工作阶段	技术路线	规划成果
前期调研	基础调查分析	基础资料汇编
规划定位	保护范围划定	规划文本、规划说明及图件
	保护目标及原则确定	
规划研究	保护内容及方法编制	
实施保障研究	管理条例及实施计划编制	管理条例及实施计划

6.3.2 基础资料收集

在基础资料调查和现场踏勘的基础上,对规划区的历史演变、历史风貌、地段特征、历史文化遗产、城市景观、文化、社会生活、城市功能、房地产开发、人口、居住、生活服务设施、道路交通、市政基础设施、绿化环境以及该规划区与周边地区之间的关系等现状进行综合分析,提出该规划区主要风貌特色、存在的问题及主要的工作方向,并建议将收集的建筑资料整理为保护建筑图则(见附录),便于历史风貌区现状情况的详细研究。

建筑保护图则的内容需包括:建筑物原有名称、坐落地址、建筑物用途、结构、保护等级、房产所属单位、设计年代、完好程度、有关该建筑物的资料、历史价值、建筑物特征、综述(历史沿革、现状保护情况等)、评估建议和保护规划措施。

6.3.3 保护规划研究

1)制定规划的目标与原则

以保护该区域的历史风貌为中心,提出规划的原则与目标,具体包括社会、经济发展和历史风貌区保护方面的目标体系以及合理、综合的规划原则。

2)功能定位与规模确定

以城市发展和传统历史风貌保护的具体要求确定历史风貌区的功能定位,并明确该地区用地、人口等方面的规划指标。

3)历史风貌保护

(1)确定保护要素

落实已确定的文物保护单位和历史建筑的位置及其保护范围,综合分析该风貌区历史、科学和艺术价值和历史风貌区以及地段的特征。在分析研究的基础上,合理确定应该保护和保留的历史要素,包括建筑物、空间、绿化和环境要素等。

(2)划定保护范围

根据《南京重要近现代建筑和近现代历史风貌区保护条例》、《南京历史文化名城保护条例》,《规划》应划定历史风貌区保护范围,提出相应的规划控制要求,并明确历史风貌区与保护建筑等各种范围的相互关系。

（3）空间格局的保护

建筑风貌规划与保护对象的分布有着直接的关系,它从城市规划的理性角度出发,通过对规划区内要素特征和现状制约条件的统筹考虑,为未来历史风貌区的改造和建设确立一个整体建成环境的理想目标。

（4）建筑保护与利用

风貌区内的建筑按保护与利用类别确定为四大类,即文物保护单位、历史建筑、可更新改造建筑、建议拆除建筑,并对各类建筑的规划控制分别提出要求。

（5）道路交通规划

明确历史风貌保护道路路段、等级和保护要求,按照城市发展和传统风貌保护的要求调整道路交通系统,对道路红线、道路等级与断面提出相应的控制要求,合理规划公共停车场和游船码头的位置。

（6）绿化与公共空间规划

综合考虑绿地的服务半径、人均服务水平等因素,适当调整公共绿地的位置和范围,与现有的公共空间系统建构有机的联系。

（7）城市空间景观规划

对景观带、景观轴及景观节点等提出相应的规划要求。

（8）公共服务设施规划

公共服务设施包括社会服务设施和基础教育设施两大部分,应进一步落实上一级规划确定的市级、地区级、社区级各类公共服务设施的布局和用地规模,以满足风貌保护要求为前提,并根据实际需要,经与各专业部门协商,在满足系统规划的前提下做适当的调整。

（9）控制市政基础设施

落实上一级规划所确定的各项市政公共设施的布点、规模指标、管线布局和线路走向,并根据实际需要,经与各专业部门协商,在满足系统规划的前提下做适当的调整。

6.3.4 规划编制成果建议

根据历史风貌区保护规划的编制要求,建议规划编制成果包括规划文本、图件和附件三部分。文本和图件共同构成法定文件,具有同等效力。附件包括规划说明书和基础资料汇编、专题研究报告和历史建筑的保护图则等。

规划编制成果强制性内容需包括"五图一表",即历史建筑年代图、历史建筑功能图、历史建筑高度图、历史建筑质量图、非建筑类历史遗迹基础资料图和历史遗迹基础资料汇总表。为适应历史风貌区的特点,容积率、绿化指标、市政设施和管线综合等成为指导性指标,沿街立面整治和重点节点整治方案列为指导性内容,同时为适应保护与开发建设模式,关于产权、人口和投入产出的成本核算也列为指导性内容(表 6-4、表 6-5)。

表 6-4 历史风貌区的强制性与引导性指标

	历史风貌区	
	强制性指标	指导性指标
用地性质	●	
保护范围	●	
建设控制地带	—	—
建筑类型	●	
建筑密度		○
容积率	●	
公共设施配套		○
交通出入口方位		○
停车位		○
绿地率		○
建筑控高	●	
建筑后退红线		○

	历史风貌区	
	强制性指标	指导性指标
人口容量		○
建筑形式风格	●	
建筑色彩	●	
其他环境要求	●	
市政设施		○
管线综合		○
建筑更新改造措施		○
地块更新改造措施		○

表 6-5 规划编制成果

成果	要求	基本内容		建议内容
规划文本	规划文本应当为条文形式，简洁准确，明确规划实施的要求	规划总则	规划背景、规划范围、规划依据、规划目标、规划原则	
		历史文化遗存的保护利用	历史风貌区保护范围的划定、重要保护对象的确定、功能发展定位、空间格局保护、环境风貌保护、建筑遗产的保护、文物保护单位的保护、其他物质文化遗产的保护、物质文化遗产的合理利用、非物质文化遗产的保护与利用	
		用地、人口与空间规划	用地功能与结构、人口结构与容量、公共活动空间、绿化与景观、建设控制要求	
		交通与市政设施规划	交通与市政设施规划原则、道路与交通规划、给水排水、电力电信、燃气、防灾工程、环境卫生、管线综合	

成果	要求	基本内容		建议内容
		经济测算与技术指标	技术指标	经济测算
		规划实施政策建议	经济政策、搬迁和安置、实施时序	
图件	主要图纸比例为 1/500 ～ 1/1 000，沿街立面整治图、重要地段整治平面图比例不小于1/200。其他图纸的比例可根据需要选择	区域位置图、保护范围图、建筑文化遗存分布图、现存建筑年代分析图、现存建筑层数分析图、现存建筑质量分析图、现存历史建筑历史功能分析图、现存建筑风貌分析图、其他历史文化遗存分布图、建筑遗产保护规划图、文物保护紫线图、空间格局保护规划图、用地布局规划图、绿化与景观规划图、道路交通规划图、市政设施规划图、综合防灾规划图、管线综合规划图、沿街立面整治图、重要地段和节点整治图		意向性规划总平面图、历史建筑整治意向图

成果	要求		基本内容	建议内容
附件	规划说明是对规划文本的具体解释，其文字表达应规范、简练、清晰、有针对性	导言	规划背景、规划范围、规划依据、规划目标、规划原则	
		历史研究	历史沿革、街区功能与空间形态演进、街巷与重要建筑	
		现状研究	上位规划及相关规划要求、自然环境特征、街区功能、空间格局与肌理、重要建筑、建筑物和环境设施、古树名木等、非物质文化遗产、交通及市政设施、人口与社会经济、公众意向、历史文化风貌区的价值评估	
		历史文化遗存保护利用	历史风貌区保护范围的划定、重要保护对象的确定、功能发展定位、空间格局保护、环境风貌保护、建筑遗产的保护、文物保护单位的保护、其他物质文化遗产的保护、物质文化遗产的合理利用、非物质文化遗产的保护与利用	
		用地、人口与空间规划	用地功能与结构、人口结构与容量、公共活动空间、绿化与景观、建设控制要求	
		交通与市政设施规划	交通与市政设施规划原则、道路与交通、给水排水、电力电信、邮政系统规划、燃气防灾工程、管线综合、环境卫生、市政小品	
		经济测算与技术指标	技术指标、经济测算	

成果	要求		基本内容	建议内容
		规 划 实 施 政 策 建议	经济政策、搬迁和安置、实施时序	
	根据项目实际情况确定		保护建筑图则	专 题 研 究、内 容 问 卷 调 查表

6.4　本章小结

　　由于历史风貌区自身的特点及其在保护、发展过程中面临特有的问题,使历史风貌区保护规划的编制比一般城市地区复杂得多。规划过程中既要保护各种物质文化遗产街巷肌理、城市结构和整体风貌,又要延续历史风貌区的生命力,改善居民的生活质量和地区的环境质量,使其满足现代化生活的需求。

　　目前,我国现行的一般城市地区的控规体系不能满足历史风貌区。在保护、整治和发展的要求下,在实践中探索适应历史风貌区特点的控制方法和完善控规指标体系,具有重要的现实意义。

　　本章在研究《江苏省历史文化街区保护规划编制导则》的基础上,结合《浦口火车站历史风貌区保护规划》的编制经验,从管理措施、总体保护要求、建筑、交通、设施、功能等方面,比较分析历史文化街区和历史风貌区编制过程中的差异,重点提出历史风貌区保护规划的编制程序、资料收集方法、主要规划内容和编制成果建议,从而健全和完善城市历史风貌区保护规划编制方法。

7 结论与展望

7.1 结论

7.1.1 主要研究成果

文物古迹和历史环境是我国传统文化的重要载体。对于历史风貌区应积极有效地保护街区布局形态、空间景观、各级文物保护单位和优秀历史建筑等历史文化构成要素,延续城市的历史文化环境,体现历史风貌区的历史文化内涵。

历史文化遗产是连同其环境一同存在的,保护不仅是保护其本身,还要保护其周围的环境。历史文化遗产的保护不应只是形式上的保护,而应当是整体活力的提升。历史风貌区的保护应当鼓励运用多元的保护手法,在保护历史风貌的同时使其符合现代生活的要求。历史文化遗存的保护与利用不能急功近利,不能过分追求经济效益,而应当循序渐进,立足长远。从改善城市人居环境、延续城市历史文化出发,充分发挥城市的历史文化资源,塑造城市特色,实现社会、环境、经济和文化效益的统一发展。本文研究阶段性的成果如下:

(1)明确了历史风貌区及与其相关概念的界定,研究了国内外的相关实例和对历史地段改造的研究成果,并通过分析浦口火车站历史风貌区的历史脉络和现状问题,在解读我国相关规划的基础上完善浦口火车站历史风貌区的保护范围。

(2)从空间格局保护和历史建筑梳理整合两方面出发,以浦口火车站历史风貌区为研究对象,结合实际问题提出空间再利用措施和建筑保护修缮的方法,以延续城市的历史文脉和深厚的人文积淀。

（3）在理论和实证研究的基础上,总结历史风貌区保护规划编制的内容,从而进一步提出历史风貌区保护规划编制深度建议及规划成果建议。

7.1.2 本书的创新点

本书以浦口火车站历史风貌区为研究对象,探讨了历史风貌区保护与利用的措施,主要创新点如下:

（1）强调在微观层面系统地对浦口火车站历史风貌区进行梳理,延续历史文脉,重塑城市文化特色。

（2）通过对浦口火车站历史风貌区深入的实例研究,探讨历史风貌区规划编制工作的方法、内容和技术体系。

7.2 不足与展望

本书在理论研究的基础上,以浦口火车站历史风貌区为主要研究对象,并通过对国内外相关实例的探索,获取历史风貌区保护规划的研究成果。历史风貌区的保护是一个涉及面很广的课题,其中的保护性利用也涉及方方面面的多种难题。由于本书的篇幅和本人学识上的局限,本书仅提出了一个思考问题的框架与思路,对于历史风貌区保护与利用的理解认识、经济预测以及规划编制等诸多内容的阐述还不够深透,论及问题的深度及广度方面难免有所欠缺及遗漏之处,希望在今后的学习工作过程中加强认识和体会。

历史风貌区的保护规划是一个需要结合实际因素,不断深入研究的领域,因此希望仅以此文章作为探索的起点,为今后更加深入的研究打下基础,并且能够在不久的将来找到一种复合的、全面的、科学性强的方法让历史风貌区在得到很好的保护与利用的同时真正实现可持续发展。

附录

保护建筑图则

建筑物原有名称	浦口火车站主体大楼	现在名称	南京北站主体大楼
坐落地址	泰山街道津浦路30号	建筑类别	近现代重要史迹及代表性建筑
建筑物用途	（现在）办公	（原来）火车站候车大楼	
结构	○木结构　○钢结构　○钢筋混凝土结构　●砖木结构　○砖石结构　○石结构		
保护等级	一级	文物等级	省级
房产所属单位	上海铁路局	规模	地上三层
设计年代	1911年	竣工年代	1914年
完好程度	□A 完整　■B 较为完整（约20％缺损）　□C 部分缺损（约50％缺损）　□D 严重缺损（约70％缺损）　□E 仅存遗址　□F 其他		
有关该建筑物的资料	●图纸　●照片　○出版资料		
历史价值	□1. 由于某种重要的历史原因而建造，并真实地反映了这种历史实际。 □2. 在其中发生过重要事件或有重要人物曾经在其中活动，并能真实地显示出这些事件和人物活动的历史环境。 ■3. 体现了某一历史时期的物质生产、生活方式、思想观念、风俗习惯和社会风尚。 ■4. 可以证实、订正、补充文献记载的史实。 □5. 在现有的历史遗存中，其年代和类型独特珍稀，或在同一类型中具有代表性。 □6. 能够展现文物古迹自身的发展变化		

建筑物原有名称	浦口火车站主体大楼	现在名称	南京北站主体大楼
建筑物特征	坐北朝南,上下三层,有大小 62 个房间;屋顶有脊,全部用瓦楞铁覆盖;大楼内部都是木质结构,底层西首外接拱形长廊,直达浦口轮渡码头		
综述(历史沿革、现状保护情况等)	主体大楼因经历过重大火灾,维修后为钢筋混凝土楼面,现进行内部改造后用作浦口火车站办公用房。主体大楼为英式风格建筑,现状质量尚可,除一楼候车大厅及所有门窗等部位不同时期进行过改建,基本保留了原有的建筑风貌		
评估建议	□A 提高保护级别　□B 可列入市级文物保护单位　■C 可列入保护名录　□D 有一定的保留价值		
保护规划措施	严格控制建筑外观,不得任意添加设施。允许根据内部功能的改变需要在立面上做改动,但所有改动需按传统方法进行。将省级文物保护单位牌置于大门口		

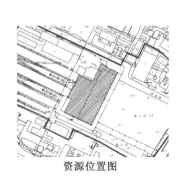

资源位置图

现状照片

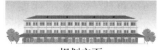

规划立面

参考文献

A. 纸质文献

[1] Ashworth G J,Tunbridge J E. The tourist-historic city[M]. London:Belhaven Press,1990:35.

[2] Ian Strange. Local politics,new agendas and strategies for change in English historic cities[J]. Cities,1996(13):431 -437.

[3] IsabeUe Frochot,Howard Hughes. HISTOQUAL:The development of a historic house assessment scale[J]. Tourism management,2000(21):157-167.

[4] 蔡宝瑞.历史文化风貌区和优秀历史建筑法规为你保驾护航[J].上海人大月刊,2002,(8):15-16.

[5] 蔡伯宁.滨水风景区城市历史街区改造与更新[D].湖南:湖南大学,2010.

[6] 常青.建筑遗产的生存策略:保护与利用设计实验[M].上海:同济大学出版社,2003.

[7] 程大林,张京祥.城市更新:超越物质规划的行动与思考[J].城市规划,2004,(2):70-73.

[8] 丁晓鹏.城市历史文化风貌区保护与发展初探——以淮安市文庙一慈云寺地区为例[D].南京:东南大学,2004.

[9] 范文兵.上海里弄的保护与更新[M].上海:上海科学技术出版社,2004.

[10] 黄琼,王崎.从天津原意租界改造看历史街区的保护性开发[J].城市环境设计,2005,(1):61-65.

[11] [加]简·雅各布斯.美国大城市的死与生[M].金衡山,译.北京:译林出版社,2005.

[12] 焦怡雪. 公众参与:日本川越市一番街历史地段保护范例 [J]. 北京规划建设,2004,(2):138-140.

[13] 李冬生. 大城市老工业区工业用地的调整与更新:上海市杨浦区改造实例[M]. 上海:同济大学出版社,2005.

[14] 练茂. 重庆主城区历史文化风貌街区现代适应性更新研究 [D]. 重庆:重庆大学,2010.

[15] 林林,阮仪三. 苏州古城平江历史街区保护规划与实践[J]. 城市规划学刊,2006,(3):45-51.

[16] 刘芳,王炯. 浅谈历史街区文化景观的空间传承[J]. 科学之友,2009,(11):104-105.

[17] 刘军,沈瑜. 走向理性的南京历史地段保护规划[J]. 现代城市研究,2010,(12):50-54.

[18] 刘琼. 历史街区保护初探[D]. 重庆:重庆大学,2003.

[19] [美]刘易斯·芒福德. 城市发展史——起源、演变和前景 [M]. 倪文彦,宋峻岭,译. 北京:中国建筑工业出版社,2005.

[20] 卢海鸣. 南京民国建筑[M]. 南京:南京大学出版社,2001.

[21] 毛羽. 天津原意租界历史街区保护与更新模式的探析[D]. 天津:天津大学,2009.

[22] 阙维民,戴湘毅,等. 世界遗产视野中的历史街区——以绍兴古城历史街区为例[M]. 北京:中华书局,2010.

[23] 任云兰. 国外历史街区的保护[J]. 城市问题,2007, (7):93-96.

[24] 汝军红. 历史建筑保护导则与保护技术研究——沈阳近代建筑保护利用的理论与实践[D]. 天津:天津大学,2007.

[25] 阮仪三,孙萌. 我国历史街区保护与规划的若干问题研究 [J]. 城市规划,2001,(1):25-32.

[26] 阮仪三. 中国历史城市遗产的保护与合理利用[J]. 住宅科技,2004,(5):4-7.

[27] 绍兴市历史街区保护管理办公室. 绍兴仓桥直街历史街区保护[J]. 城市发展研究,2005,(5):61-65.

[28] 沈静艳. 历史文化风貌区整体性开发项目的城市设计研究

[D].上海:同济大学,2006.

[29] [英]史蒂文·蒂耶斯德尔.城市历史街区的复兴[M].张玫英,董卫,译.北京:中国建筑工业出版社,2006.

[30] 疏良仁,肖建飞,等.城市风貌规划编制内容与方法的探索——以杭州市余杭区临平城区风貌规划为例[J].城市发展研究,2002,(2):15-19.

[31] 王卉,郑天.对历史街区控制性详细规划编制的思考——以北京大栅栏地区为例[J].华中建筑,2007,(4):66-71.

[32] 王景慧,阮仪三,王林.历史文化名城保护理论与规划[M].上海:同济大学出版社,1999.

[33] 王景慧.城市规划与文化遗产保护[J].城市规划,2006,(11):57-59,88.

[34] 王景慧.城市历史文化遗产保护的政策与规划[J].城市规划,2004,(10):68-73.

[35] 吴敏.小议历史街区保护的经济性问题[J].山西建筑,2009,(4):22-23.

[36] 伍江,王林.历史文化风貌区保护规划编制管理[M].上海:同济大学出版社,2007.

[37] 奚文沁,周俭.巴黎历史城区保护的类型与方式[J].国外城市规划,2004,(5):62-67.

[38] 谢细伢.历史城镇传统风貌的保护与传承方法研究[D].南京:南京工业大学,2010.

[39] 徐明前.城市的文脉:上海中心城旧住区发展方式新论[M].上海:学林出版社,2004.

[40] 阳建强,吴明伟.现代城市更新[M].南京:东南大学出版社,2000.

[41] 杨俊宴,阳建强,孙世界.滨江城市中心区规划设计中的景观学思考——南京浦口中心区的探索与实践[J].中国园林,2006,(6):63-67.

[42] 杨震,徐苗.城市设计在城市复兴中的策略[J].国际城市规划,2007,(4):44-47.

[43] 姚迪,朱光亚.历史文化街区保护规划的规范性与适应性研究——以扬州东关历史文化街区保护规划为例[J].建筑学报,2006,(6):40-43.

[44] 于江.城市更新改造与历史文化保护的探讨[J].上海城市规划,2009,(5):54-58.

[45] 张京祥,邓化媛.城市近现代历史风貌区的空间与功能重塑[J].中国名城,2009,(1):16-19.

[46] 张松.城市文化遗产保护国际宪章与国内法规选编[M].上海:同济大学出版社,2007.

[47] 张维亚.国外城市历史街区保护与开发研究综述[J].金陵科技学院学报,2007,(2):55-58.

[48] 中国市长协会.我国历史文化遗产保护学科发展状况∥2006中国城市发展报告[C].北京:中国城市出版社,2007:165-166.

[49] 周俭,范燕群.保护文化遗产与延续历史风貌并重——上海市历史文化风貌区保护规划编制的特点[J].上海城市规划,2006,(2):10-12.

[50] 庄锐辉.城市历史风貌区控制性详细规划编制探究[J].民营科技,2009,(2):199.

B. 其他文献(含技术文件、电子文件、内部文件)

[1] GB/T 50280—98.城市规划基本术语标准[S].

[2] GB 50357—2005.历史文化名城保护规划规范[S].

[3] GBJ 137—90.城市用地分类与规划建设用地标准[S].

[4] 江苏省建设厅.江苏省历史文化街区保护规划编制导则(试行)[Z].2008

[5] 南京市规划局.南京历史文化名城保护规划(2010—2020)[Z].2010.

[6] 南京市规划局.南京市城市总体规划(2007—2030)成果文本[Z].2009.

[7] 南京市规划局.南京市浦口区城乡总体规划(2010—2030)

[Z].2010.

[8]宁建新.十大历史风貌区:古都南京的闪亮名片[EB/OL].
http://xh. xhby. net/mp2/html/2009 — 06/25/content_
28338. htm,2009.

[9]全国人民代表大会常务委员会.中华人民共和国文物保护法
[Z].2007.

[10]上海河岸商业开发有限公司.苏州河北岸项目[EB/OL]. ht-
tp://www. shriverside. com/cn/plan/index. asp? topicID=53

[11]张茜茜.城市更新的个性与共性[EB/OL]. http://house.
focus. cn/news/2006-08-11/229752. html,2006.

[12]张淑玲.梁启超故居"饮冰室"因不够文物级别面临拆迁
[EB/OL]. http://news. qq. com/a/20110406/000727.
htm,2011.

[13]中国城市规划行业信息网.法国城市历史遗产保护Ⅷ.

[14]中华人民共和国国务院.历史文化名城名镇名村保护条例
[Z].2008.

[15]中华人民共和国建设部.城市规划编制办法[Z].2006.

[16]中华人民共和国建设部.历史文化名城保护规划规范
[Z].2005.

图片来源

图 1-1　来源:作者拍摄

图 2-1～图 2-6　来源:中国城市规划行业信息网.法国城市历史遗产保护Ⅷ

图 2-7　来源:焦怡雪.公众参与:日本川越市一番街历史地段保护范例[J].北京规划建设,2004,(2):138-140

图 2-8　来源:http://www.koedo.biz/450west

图 2-9　来源:http://event.asus.com/Digitrend/44html/enter104401.htm

图 2-10　来源:http://www.koedo.biz/450west

图 2-11、图 2-12　来源:作者摄于汉堡

图 2-13　来源:阙维民,戴湘毅,等.世界遗产视野中的历史街区——以绍兴古城历史街区为例[M].北京:中华书局,2010

图 2-14　来源:作者拍摄

图 2-15～图 2-17　来源:上海河岸商业开发有限公司.《闸北区苏州河北岸(西藏路)项目》简介.http://www.shriverside.com/cn/plan/index.asp?topicID=53

图 2-18　来源:http://www.shanghai.gov.cn

图 2-19　来源:历史风貌保护与城市建设的传承与发展——以天津为例

图 2-20　来源:http://tj.gmw.cn/Item/31599.aspx

图 3-1～图 3-4　来源:作者摄于上海铁路博物馆

图 3-5　来源:南京市浦口区城乡总体规划(2010-2030)

图 3-6　来源:Google Earth

图 3-7　来源:作者绘制

图 3-8～图 3-13　来源:作者拍摄

图 3-14　来源:根据第二历史档案馆资料复原

图 4-1   来源：南京市城市总体规划修编（2007—2020）

图 4-2、图 4-3   来源：南京市浦口区城乡总体规划（2010—2030）

图 4-4   来源：浦口区老镇地区（Pkb052 单元）控制性详细规划

图 4-5、图 4-6   来源：作者绘制

图 4-7   来源：http：//blog. artintern. net /blogs /articleinfo /wuxiangyun /13889

图 4-8～图 4-12   来源：作者绘制

图 4-13、图 4-14   来源：浦口火车站地区保护与更新规划

图 4-15、图 4-16   来源：作者绘制

图 4-17、图 4-18   来源：南京下关滨江地区规划设计

图 4-19～图 4-24   来源：作者绘制

图 5-1～图 5-12   来源：作者绘制

表 格 来 源

表 1-1　　资料来源:南京历史文化名城保护规划(2010—2020)
表 1-2　　资料来源:作者整理绘制
表 2-1　　资料来源:作者整理绘制
表 2-2　　资料来源:张松.城市文化遗产保护国际宪章与国内法规
选编[M].上海:同济大学出版社,2007
表 2-3　　资料来源:作者整理绘制
表 2-4　　资料来源:作者根据刘军,沈瑜.走向理性的南京历史地
段保护规划[J].现代城市研究,2010,(12):50-54 整理绘制
表 3-1　　资料来源:作者整理绘制
表 3-2　　资料来源:作者整理绘制
表 3-3、表 3-4　　资料来源:作者整理绘制
表 4-1　　资料来源:作者整理绘制
表 5-1　　资料来源:作者根据汝军红.历史建筑保护导则与保护技
术研究——沈阳近代建筑保护利用的理论与实践[D].天津:天津
大学,2007 整理绘制
表 5-2～表 5-5　　资料来源:作者整理绘制
表 6-1　　资料来源:作者整理绘制
表 6-2　　资料来源:作者根据刘军,沈瑜.走向理性的南京历史地
段保护规划[J].现代城市研究,2010,(12):50-54 整理绘制
表 6-3～表 6-5　　资料来源:作者整理绘制

后记

在成长的道路上,许多人的鼓励和支持永远是我前进的动力。值此书稿完成之际,谨向他们表达内心的感激之情。

首先由衷地感谢导师吴骥良先生。吴老师渊博的学识、勤勉的作风以及平易近人的人格魅力深深影响和激励着我,令我终身受益。吴老师重病期间仍然不忘工作,不忘学生,让我们感受到了温暖,也体会到了什么是责任。能成为吴老师的学生是我一生的荣幸。在此,谨向恩师致以崇高的敬意和深深的怀念!

感谢我的第二导师方遥教授。2010 年,方老师为我提供了参与浦口火车站历史风貌区保护规划的宝贵机会,使我能深入地结合实际项目展开研究。本书从选题、研究直至最后成稿都离不开方遥老师心血的付出,谨向他表示衷心的感谢!

感谢南京工业大学刘正平教授、蒋伶教授、刘晓惠教授、赵和生教授、胡振宇教授、施梁教授、朱隆斌教授、衷菲教授和叶如海教授,他们都曾对本书提出了宝贵的意见和建议,在此深表谢意!同时,还要感谢我的师兄师姐、师弟师妹以及同门李晓倩、芮媛媛、汪平西、刘淦、王金升等给予的帮助和勉励。

感谢南京市城市与交通规划设计研究院有限责任公司的各位同仁在本书写作过程中给予的支持。

特别感谢我的家人,尤其是我的父母和爱人赵天给予我无私的关爱与支持,祝他们健康、幸福!

感谢东南大学出版社在本书出版中所给予的帮助!

宣　婷

2013 年 1 月于南京